# MÉMOIRES

PRÉSENTÉS PAR DIVERS SAVANTS

## À L'ACADÉMIE DES SCIENCES DE L'INSTITUT DE FRANCE.

EXTRAIT DU TOME XXX.

*Vert*

# MISSION D'ANDALOUSIE.

## ÉTUDES

SUR

# LES TERRAINS SECONDAIRES ET TERTIAIRES

DANS

## LES PROVINCES DE GRENADE ET DE MALAGA,

PAR

## M. BERTRAND

INGÉNIEUR DES MINES,

ET

## M. KILIAN,

CHEF DES TRAVAUX PRATIQUES AU LABORATOIRE DE GÉOLOGIE
DE LA FACULTÉ DES SCIENCES DE PARIS.

# PARIS,

## IMPRIMERIE NATIONALE.

M DCCC LXXXIX.

# MISSION D'ANDALOUSIE.

Directeur de la Mission : M. F. FOUQUÉ,
MEMBRE DE L'INSTITUT;

Collaborateurs : MM. MICHEL LÉVY, MARCEL BERTRAND, CHARLES BARROIS,
OFFRET, KILIAN, BERGERON et BRÉON.

## ÉTUDES

RELATIVES

AU

## TREMBLEMENT DE TERRE DU 25 DÉCEMBRE 1884.

# MÉMOIRES

PRÉSENTÉS PAR DIVERS SAVANTS

## À L'ACADÉMIE DES SCIENCES DE L'INSTITUT DE FRANCE.

EXTRAIT DU TOME XXX.

# MISSION D'ANDALOUSIE.

## ÉTUDES

SUR

# LES TERRAINS SECONDAIRES ET TERTIAIRES

DANS

## LES PROVINCES DE GRENADE ET DE MALAGA,

PAR

## M. BERTRAND,
INGÉNIEUR DES MINES.

ET

## M. KILIAN,
CHEF DES TRAVAUX PRATIQUES AU LABORATOIRE DE GÉOLOGIE
DE LA FACULTÉ DES SCIENCES DE PARIS.

# PARIS.

## IMPRIMERIE NATIONALE.

—

M DCCC LXXXIX.

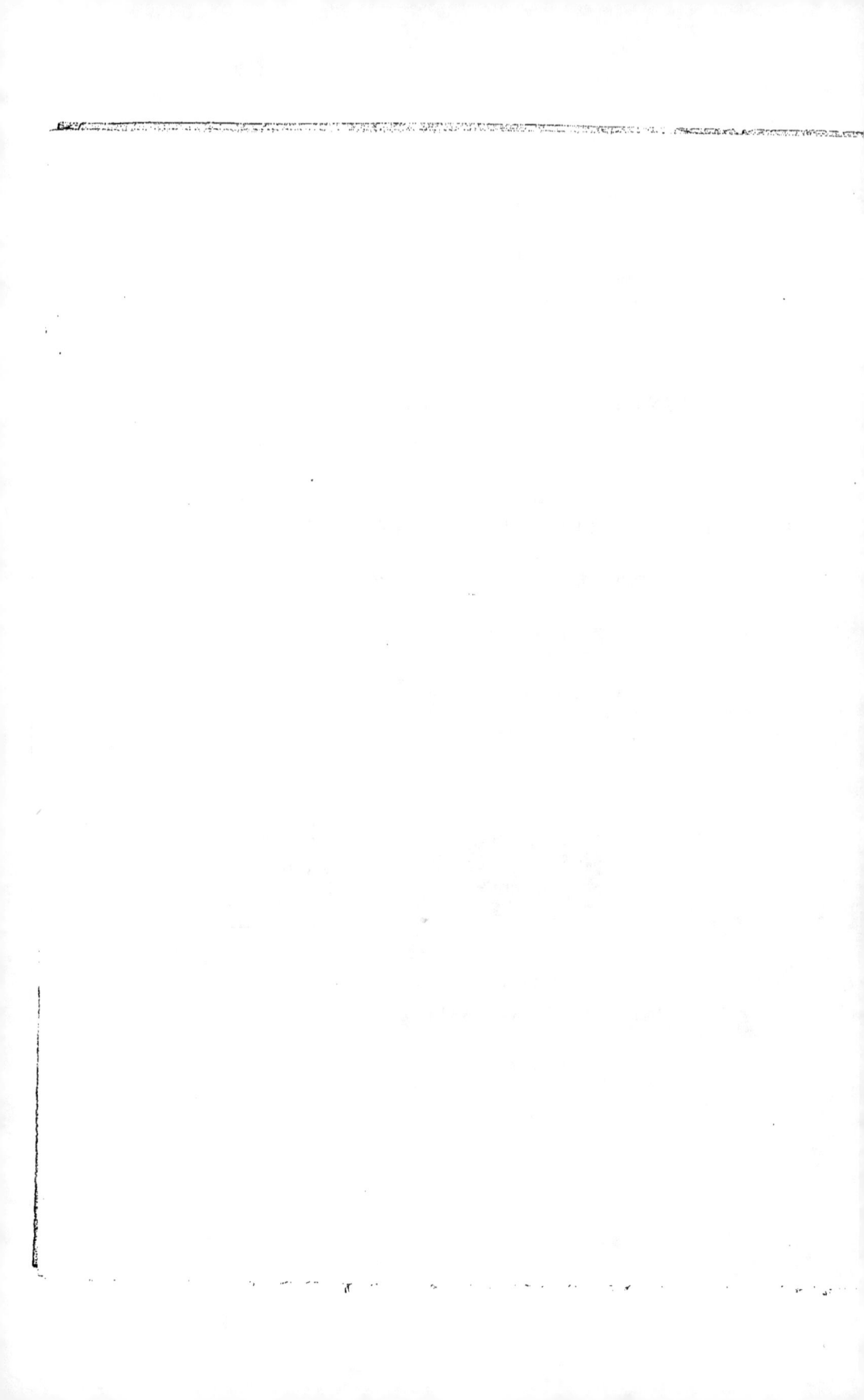

# ÉTUDES

SUR

## LES TERRAINS SECONDAIRES ET TERTIAIRES

DANS

## LES PROVINCES DE GRENADE ET DE MALAGA.

## INTRODUCTION.

Ce mémoire a pour but de rendre compte des observations géologiques poursuivies pendant les mois de février, mars et avril 1885, dans la bande des chaines secondaires et tertiaires qui, entre Grenade et la ligne du chemin de fer de Malaga, sur 100 kilomètres environ, forment la bordure de la chaîne bétique. Nos recherches n'ont pas eu le résultat espéré de faire ressortir dans cette région des liens étroits entre les anciens mouvements du sol et les récents phénomènes sismiques, et notre seule ambition est d'apporter quelques documents nouveaux sur la géologie de cette partie de l'Andalousie.

Nous avions pour point de départ les excellentes études publiées par la Commission de la carte géologique d'Espagne. Ces études, qui paraissent au fur et à mesure de l'exploration des différentes provinces, sous le titre modeste de *Bosquejos,* formeront bientôt, par leur réunion, une carte géologique complète de l'Espagne, cadre et prélude nécessaires de la carte géologique détaillée, pour laquelle jusqu'à ce jour la base topographique précise aurait manqué en Espagne[1]. Nous avons pu vérifier, pour l'Andalousie, la valeur sérieuse et l'exactitude de ces premiers travaux, qui nous ont puissamment aidés à grouper nos observations et à nous rendre compte de la structure d'ensemble du pays.

La carte que nous joignons à ce mémoire est en grande partie le résultat de nos propres observations, mais a été complétée en beaucoup de points à l'aide des minutes au $\frac{1}{200000}$ que M. Fernandez de Castro, directeur du service de la carte géologique, a mises à la disposition de la Commission française avec une bienveillance et une libéralité dont nous ne saurions trop le remercier. Ces cartes sont le fruit des études poursuivies dans la région par M. Gonzalo y Tarin depuis la publication des mémoires relatifs aux provinces de Malaga[2] et de Grenade[3]. La nôtre en diffère surtout par l'extension beaucoup plus grande du crétacé, par la séparation du lias et du jurassique, et par les subdivisions introduites dans le bassin tertiaire de Grenade. Ces modifications nous ont semblé assez importantes pour que nous tenions à en accepter la responsabilité et à mettre sous notre nom une carte, indispensable pour l'intelligence de ce mémoire; mais nous devions signaler, en y insistant, les emprunts faits à des cartes encore inédites.

Au point de vue topographique, nous avons eu entre les mains les copies des relevés encore inédits, au $\frac{1}{200000}$, des provinces de Grenade et de Malaga, avec indication des reliefs pour la première. Nous prions M. le général Ibañez, qui nous a communiqué ces précieux documents, d'accepter l'expression de notre vive reconnaissance.

Les déterminations de fossiles ont été faites par M. Kilian au laboratoire de recherches de la Sorbonne, dirigé par M. Hébert. M. Munier-Chalmas a bien voulu, dans le cours de ce travail, lui

---

[1] La belle carte topographique au $\frac{1}{50000}$, commencée sous la direction du général Ibañez, ne comprend encore qu'une partie des provinces centrales de l'Espagne.

[2] Boletin de la Com. del mapa geol. de España, 1877.

[3] Ibid., 1880.

prêter maintes fois le secours de sa haute expérience. Nous devons ajouter que des renseignements intéressants nous ont été fournis par M. le professeur S. Calderon, de Séville, et par notre regretté confrère, M. Fontannes; de plus, grâce à M. Douvillé, professeur à l'École des mines, nous avons pu consulter la collection de Verneuil, dont les nombreux matériaux ont complété en partie ceux que nous avions nous-mêmes rapportés d'Espagne.

## INDEX BIBLIOGRAPHIQUE.

Nous donnons ici une liste des principales publications relatives à la géologie de la région dont nous allons esquisser la structure (E. de la province de Malaga et O. de la province de Grenade).

1823. Bory de Saint-Vincent. *Guide du voyageur en Espagne*, Paris, 1823.
1827. Bory de Saint-Vincent. *Gemälde der iberischen Halbinsel*, Heidelberg, 1827.
      E. Cook. *Description of part of the Kingdoms of Valencia, Murcia, and Granada, in the south of Spain.* (Geol. Soc. of London, Proceed. I, p. 338, 465.)
1830-1834. Silvertop. *On the lacustrine Basins of Baza and Alhama in the province of Granada.* (Proceed. of the Geol. Soc. London, 1830, p. 216. — Idem, 1834.)
1832. Hausmann. *De Hispaniæ constitutione geognostica*, Gœttingen, 1832. (Comment. Soc. reg. scient., t. VII.)
1834. Cook. *Sketches in Spain*, Paris, 2 vol. in-8°.
1834. Ami Boué. *Résumé des progrès des sciences géologiques pendant l'année 1833.* (Bull. Soc. géol. de France, 1re série, t. V, p. 332.)
1835. Traill. *Mémoire sur l'Andalousie.* (Edinb. New Phil. Journ., oct. 1835. — British Association, Rep. 1835, p. 61.)
1836. Silvertop. *A geological sketch of the tertiary formation in the provinces of Granada and Murcia, Spain*, London, 1836, avec planches.
1837. Traill. *Notices of the geology of Spain.* (Rep. 7th Meet. British Association at Liverpool, p. 70.)
1838-1844. Hausmann. *Ueber das Gebirgssystem der Sierra Nevada.* (Abh. d. k. Ges. d. Wiss. zu Gœttingen, 1838-1844.)
1841. R. Pellico et A. Maestre. *Mémoire sur la géologie de la partie orientale de la province d'Almeria.* (An. de Minas, 1841, p. 116.)

1.

1842. Hausmann. *Ueber das Gebirgssystem der Sierra Nevada und das Gebirge um Jaen*, Gœttingen, 1842.

1845. Naranjo y Garza. *Observaciones sobre el litoral del Sur de España.*

1845. Smith. *Notice on the tertiary deposits in the South of Spain.* (Quart. Journ., vol. I, p. 235, 1845.)

1845. A. de la Torre. *Apuntes geognosticos y mineros relativos a una parte de las provincias de Granada y Almeria.* (Boll. ofic. de Minas.)

1846. Amalio Maestre. *Ojeada geognostica sobre el litoral mediterraneo.* (An. de Minas, t. IV, Oviedo, 1846.)

1847. A. Perrey. *Sur les tremblements de terre de la péninsule ibérique.* (Ann. sc. phys. et nat. de Lyon, 1847.)

1847-1860. D'Archiac. *Histoire des progrès de la géologie*, t. II, III et VIII.

1848. Pernolett. *Bergwerkdistricte Südspaniens* (Neues Jahrbuch für Min. 1848, p. 359.)

1848. D. Antonio Alvarez de Linera. *Reseña geognostica y min. de la provincia de Malaga.* (Revista Minera.)
— *Descripcion y explicacion de los hundideros arcaecidos en termino de Villanueva del Rosario, prov. de Malaga.*

1849. Schimper. *Voyage géologico-botanique au sud de l'Espagne.* (L'Institut, 1849.)

1850. De Collegno. *Notes d'un voyage en Espagne.* (Bull. Soc. géol. France, 2ᵉ sér., t. VII, 1850, p. 344.)

1850. W. I. H. *On the tertiary formations of Spain; extracted from the « Anales de Minas ».* (Quarterly Journal of the Geol. Soc. of London, 1850, t. VI, Translations, p. 1.)

1850. Ezquerra del Bayo. *On the geology of Spain.* (Quart. Journ., vol. VI, p. 406.)

1850. Ezquerra del Bayo. *Geognostische Uebersichtskarte von Spanien erläutert von G. Leonhardt.* (Neues Jahrb. für Min., 1851, p. 39.)

1851. Pablo Prolongo. *Géologie de Malaga.* (Topogr. medica du docteur Martinez, 1851.)

1851. De Linera. *Géologie de Malaga.* (Revista Minera, t. II, p. 161, 193.)

1852. De Linera. *Resumen de la mineria en la provincia de Malaga.* (Revista Minera, t. IV.)

1853. De Verneuil. *Notice sur la structure géologique de l'Espagne*, Caen, 1853. (Annuaire de l'Institut des provinces.)

1853. De Verneuil et Collomb. *Coup d'œil sur la constitution géologique de plusieurs provinces de l'Espagne.* (Bull. Soc. géol. de France, 2ᵉ sér., t. X.)

1854. Scharenberg. *Bemerkungen über die geognostischen Verhältnisse der Süd-küste von Andalusien.* (Zeitschrift d. deutschen geol. Gesellschaft, 1854, p. 578.)

1855. De Verneuil, Collomb et de Lorière. *Note sur les progrès de la géologie en Espagne pendant l'année 1854*, Caen, 1855.

1857. De Verneuil et Collomb. *Géologie du sud-est de l'Espagne.* (Bull. Soc. géol., 2ᵉ sér., t. XIII.)

1859. *Anuario estadístico de España.* (Reseñas geogr., geol. y agric.; por D. F. Coello, F. Luxan, Aug. Pascual.)

1859. A. Ramirez Arcas. *Manual descriptivo y estadístico de las Españas.*

1859. Ansted. *On the geology of Malaga and the southern part of Andalusia*, avec carte géologique. (Quart. Journ., 1859, p. 585.)

1861. D. Q. Bautesta Carrasco. *Geografía general de España.*

1862. Traill. *Description of the sulphur mine near Conil, preceded by a notice of the geological textures of the southern portion of Andalusia.* (Edinburgh Royal Society, Proceedings, t. IV, p. 78-80.)

1862. C. de Prado. *Bosquejo general geologico de España.*

1863. Casiano de Prado. *Los terremotos de la provincia de Almeria.* (Revista Minera, t. XIV et XV, 1863-1864.)

1863. De Verneuil. *Notice on the geological structure of Spain, to explain an outline general map of the Peninsula.*

1865. J. G. Lasala. *Sobra el estado de la mineria en el distrito de Granada y Malaga.* (Revista Minera.)

1868. Gongora. *Antiquedades prehistoricas de Andalucia*, Madrid, 1868.

1869. De Verneuil et Collomb. *Explication sommaire de la carte géologique de l'Espagne*, in-8°, Paris.

1871. De Orueta [1]. *On some points of the geology of the neighbourhood of Malaga.* (Quart. Journ., vol. XXVII, n° 106, mai 1871.)

1874. De Orueta. *Los Barros de los Tejares.* (Act. Soc. malagueña de ciencias fis y nat., Malaga, 1874.)

1875-1887. L. Mallada. *Sinopsis de las especies fosiles que se han encontrado en España.* (Boletin de la Comision del mapa geol. de España.) Ce travail a paru par parties successives depuis 1875; il n'est pas encore terminé actuellement.

1875. Macpherson. *Descripcion de la Cueva de la Mujer.*

1876. J. Arevalo y Baca. *Datos geologicos y fisicos del valle de Lanjaron, provincia de Granada.* (Boletin de la Comision del mapa, etc.)

[1] Cette note est due à don Domingo de Orueta et non de Orueba, comme porte le texte anglais.

1877. De Orueta. *Bosquejo fisico-geologico de la region septentrional de la provincia de Malaga*, avec une carte. (Boletin Com. del mapa, etc.)

1877. Calderon y Arana. *Enumeracion de los vertebrados fosiles de España*, Madrid. (Anales Soc. Esp. Hist. nat., 1876.)

1878. Ramsay and Geikie. *On the geology of Gibraltar*. (Quart. Journ. Geol. Soc. of London, 1878, p. 505.)

1879. Macpherson. *Breve noticia acerca de la especial estructura de la peninsula iberica.* (An. Soc. de hist. natural de Esp., t. VIII.)

1879. R. Drasche. *Geologische Skizze des Hochgebirgstheiles der Sierra Nevada in Spanien*, avec une carte géologique. (Jahrb. d. K. K.geol. Reichsanstalt, Vienne, 1879, n° 1.)

1880. Vilanova. *Sur la téruelite, Ressemblance entre la Sierra Nevada d'Espagne et la Sierra Nevada de l'Amérique du Nord.* (Bull. Soc. géol. de France, 3° sér., vol. VIII, p. 309.)

1880. L. Mallada. *Reconocimiento geologico de la provincia de Cordoba.* (Bol. Com. del mapa, t. VIII, 1, 1880.)

1880. Gonzalo y Tarin. *Reseña fisica y geologica de la provincia de Granada*, avec une carte. (Bol. Com. del mapa, etc.)

1883. L. Mallada. *Reconocimiento geologico de la provincia de Jaen*, avec une carte. (Bol. Com. del mapa, etc.)

1885. Hébert. *Sur les tremblements de terre du midi de l'Espagne.* (Comptes rendus Ac. des sc., 5 janvier 1885.)

1885. Chapel. *Note sur les phénomènes météorologiques qui ont coïncidé avec les récents tremblements de terre d'Espagne.* (Comptes rendus Acad. des sc., t. C, p. 34.)

1885. Rafael Garcia Alvarez. *Los terremotos de las provincias de Granada y Malaga.* (Porvenir de Granada, 25 jenero 1885.)

1885. *Cronica de los terremotos de Andalucia.* (Numero extraordinario de la Cronica comercial de Barcelona, febrero 1885.)

1885. Macpherson. *Sur les tremblements de terre de l'Andalousie, du 25 décembre 1884 et semaines suivantes.* (Comptes rendus Acad. des sc., t. C, p. 136.)

1885. De Botella. *Observations sur les tremblements de terre de l'Andalousie.* (Comptes rendus Acad. des sc., t. C, p. 196.)

1885. Gatta. *I terremoti di Spagna.* (Nuova Antologia, 15 février 1885.)

1885. Noguès. *Phénomènes géologiques produits par les tremblements de terre de l'Andalousie, du 25 décembre 1884 au 16 janvier 1885.* (Comptes rendus Acad. des sc., t. C, p. 253.)

1885. Macpherson. *Tremblements de terre en Espagne.* (Comptes rendus Acad. des sc., t. C, p. 397.)

1885. Deligny. *Note sur une cause probable des tremblements de terre du midi de l'Espagne.* (Comptes rendus Acad. des sc., t. C, p. 399.)

1885. Germain. *Sur quelques-unes des particularités observées dans les récents tremblements de terre de l'Espagne.* (Comptes rendus Acad. des sc., t. C, p. 598 et 601.)

1885. Fouqué. *Premières explorations de la Mission chargée de l'étude des récents tremblements de terre de l'Espagne.* (Comptes rendus Acad. des sc., t. C, p. 598.)

1885. Terremotos de Andalucia. *Informe de la Comision nombrada para su estudio dando cuenta del estado de los Trabajos en 7. de Marzo 1885,* Madrid, 1885. (Madrid, Gaceta de Madrid [mars 1885] et Bol. Com. del mapa, etc., t. XII.)

1885. Fouqué, Michel Lévy, Bergeron, M. Bertrand, Kilian, Barrois et Offret. *Rapports de la Mission chargée de l'étude des tremblements de terre de l'Andalousie.* (Comptes rendus des séances de l'Académie des sciences, 20 avril 1885.) Traduit en espagnol dans le Bol. Com. del mapa, etc.

1885. F. de Botella y de Hornos. *Los terremotos de Malaga y Granada.* (Bol. Soc. geogr. de Madrid, t. XVII.)

1885. Mercalli. *I grandi terremoti Iberici.* (Rassegna nazionale, avril 1885.)

1885. M. Bertrand. *Note sur l'Andalousie.* (Bull. Soc. géol. de France, 3ᵉ série, t. XIII, p. 474 [mai 1885].)

1885. Guillemin-Tarayre. *Sur la constitution minéralogique de la Sierra Nevada de Grenade.* (Comptes rendus Acad. des sc., 11 mai 1885.) Traduit en espagnol dans le Bol. Com. del mapa, etc., t. XII.

1885. Macpherson. *Symétrie de situation des lambeaux archéens des deux versants du Guadalquivir; rapports avec les principales dislocations qui ont donné à l'Espagne son relief actuel.* (Comptes rendus Acad. des sc., 15 juin 1885.)

1885. W. Kilian. *Sur la position de quelques roches ophitiques dans le nord de la province de Grenade.* (Comptes rendus Ac. des sc., 20 juin 1885.) Traduit en espagnol dans le Bol. Com. del mapa, etc., t. XII.

1885. Martinez y Aguirre. *Los tremblores de tierra. Estudio de estos fenomenos en las provincias de Malaga y Granada durante los siete ultimos dias del annos 1884 y enero de 1885,* Malaga, 1885.

1885. Cesareo Martinez. *Los tremblores de tierra,* Malaga, 1885.

1885. Rossi. *Gli odierni terremoti in Spagna ed il loro eco in Italia.* (Bul. del vulcanismo Ital., Roma, 1885.)

1885. A. von Lasaulx. *Die Erdbeben von Andalusien.* (Humboldt, juin 1885; Stuttgard, Enke.)

1885. De Orueta. *Informe sobra los terremotos occuridos en el Sur de España de dec. de 1884 y enero de 1885*, Malaga.

1885. Macpherson. *Los terremotos de Andalucia*. (Conferencia leida en el Atenco de Madrid.)

1885. Mallada. *Sinopsis de las especies fosiles que se han encontrado en España, Sistema jurasico*. (Bol. Com. del mapa, etc., t. XI, cuad. 2.)

1885. Mercalli e Taramelli. *Relazione sulle osservazioni fatte durante un viaggio nelle regioni della Spagna colpite dagli ultimi terremoti. Nota preliminare*. (Rendic. R. Acc. dei Lincei, juin 1885.)

1885. M. Bertrand et W. Kilian. *Le bassin tertiaire de Grenade*. (Comptes rendus Acad. des sc., 20 juillet 1885.) Traduit en espagnol dans le Boletin de la Com. del mapa, etc., t. XII.

1885. S. Calderon y Arana. *Teorias propuestas para explicar los terremotos de Andalucia*. (Anal. Soc. Esp. de Hist. nat., t. XIV.)

1885. S. Calderon y Arana. *Ensayo orogenico sobre la Meseta central de España*. (An. Soc. de Hist. nat., t. XIV, 2.)

1885. Ch. Barrois. *Sur les derniers tremblements de terre de l'Andalousie*. (Ann. Soc. géol. du Nord, t. XII, 4.)

1886. M. Bertrand et W. Kilian. *Sur les terrains jurassique et crétacé des provinces de Grenade et de Malaga*. (Comptes rendus Acad. des sc., 18 janvier 1886.) Traduit en espagnol dans le Boletin de la Com. del mapa, etc., t. XIII.

1886. Macpherson. *Relacion entre la forma de las costas de la peninsula iberica, sus principales lineas de fractura y el fondo de sus mares*. (An. Soc. Esp. de Hist. nat., t. XV, p. 155.)

1886. Fouqué. *Les tremblements de terre d'Andalousie, conférence faite à la Sorbonne*. (Bull. Ass. scient., 2e série, t. XII, p. 371, et Revue scient., 3e série, 6e année, 1er semestre, p. 257, 27 février 1886.)

1886. A. Michel Lévy et J. Bergeron. *Sur les roches cristallophylliennes de l'Andalousie occidentale*. (Comptes rendus Acad. des sc., 15 et 22 mars 1886.) Traduit en espagnol dans le Boletin de la Com. del mapa, etc., t. XIII.

1886. O. Fraas und E. Fraas. *Aus dem Süden.— Reisebriefe aus Südfrankreich und Spanien*, Stuttgart (E. Koch), 1886.

1886. Botella y de Hornos. *Apuntes paleograficos. España y sus antiguos mares. Conclusion*. (Bol. de la Soc. geografica de Madrid, t. XXI, p. 37-113.)

1886. Taramelli e Mercalli. *I terremoti Andalusi cominciati il 25 dicembre 1884*. (R. Accad. dei Lincei, 1886; Rome, in-4°, 109 pages et 4 planches.)

1886. Manby. *The Granada earthquake of 25 december 1884.* (Proc. civ. Engineers, t. LXXXV, p. 275.)

1886. S. Calderon. *Article « Espagne » dans l'Annuaire géologique universel du docteur Dagincourt,* Paris, 1886, t. II, 2ᵉ part., p. 155 et suiv. (Appendice sur les derniers tremblements de terre.)

1886. Barrois et Offret. *Sur la constitution géologique de la chaîne bétique.* (Comptes rendus Acad. des sc., 7 juin, 12 et 19 juillet 1886.) Traduit en espagnol dans le Bol. Com. del mapa, etc., t. XIII.

1886. Barrois et Offret. *Sur la disposition des brèches calcaires des Alpujarras et leur ressemblance avec les brèches houillères du nord de la France.* (Comptes rendus Acad. des sc., 9 août 1886.)

1886. Noguès. *Nouveaux tremblements de terre en Andalousie.* (Nature, 14ᵉ année, p. 143-145.)

1887. P. Choffat. *Article « Espagne » dans la Revue de géologie de L. Carez.* (Annuaire géologique du Dʳ Dagincourt, t. III [1887], p. 565.)

## CARTES GÉOLOGIQUES.

1850. Rod. Murchison. *Carte géologique manuscrite de l'Espagne coloriée le 25 juillet 1850 sur la carte de L. Vivien.* (Déposée dans la Bibliothèque du laboratoire de la Sorbonne avec la suscription manuscrite : « Rod. Murchison : coloured at Pont-Saint-Maxence with de Verneuil. 25 july 1850. De Verneuil just returned from Spain. »)

1850. Ezquerra del Bayo. *Geognostische Uebersichtskarte von Spanien.* (Neues Jahrbuch für Min. von Leonhardt, 1850.)

1856. Ansted. *Geological map of the neighbourhood of Malaga.* (Quart. Journ., 1856.)

1863. A. Maestre. *Bosquejo general geologico formado con los documentos existentes hasta fin de 1863.* Échelle $\frac{1}{1500000}$.

1864. De Verneuil et Collomb. *Carte géologique de l'Espagne et du Portugal.* Échelle $\frac{1}{2000000}$.

1868. De Verneuil et Collomb, *ibid.,* 2ᵉ édition rectifiée, en ce qui concerne l'Andalousie, d'après E. Favre.

1877. Dom. de Orueta. *Bosquejo geologico de la region septentrional de la provincia de Malaga.* Échelle $\frac{1}{400000}$. (Bol. Com. del mapa, etc.)

1878. R. Drasche. *Geologische Kartenskizze des Hochgebirgstheiles der Sierra Nevada und seiner Umgebung;* $\frac{1}{592727}$ (Jahrb. d. K. K. geol. Reichsanstalt.)

2

1880. Gonzalo y Tarin. *Mapa geologico en Reseña fisica y geologica de la provincia de Granada.* (Boletin Com. del mapa, etc.)

1879. F. de Botella y de Hornos. *Mapa geologico de España y Portugal*, Madrid, 1879. Échelle $\frac{1}{2\,000\,000}$.

1883. L. Mallada. *Mapa geologico en bosquejo de la provincia de Jaen.* (Bol. Com. del mapa, etc., 1883.) Échelle $\frac{1}{800\,000}$.

1885. F. de Botella y de Hornos. *Mapa geologico e hipsometrico en bosquejo de la region influida por el terremoto del 25 de diciembre de 1884.* Madrid, 1885. Échelle $\frac{1}{400\,000}$.

1886. Taramelli e Mercalli. *Carte de la région affectée par les tremblements de terre de 1884-1885 in « I terremoti Andalusi »*, in-4°. (R. Accad. dei Lincei, Rome, 1886.)

Voir en outre, pour la bibliographie, l'excellent résumé publié par M. Manuel Fernandez de Castro dans le premier volume du Boletin de la Comision del mapa geologico de España et intitulé : *Notas para un estudio bibliografico sobre las origenes y estado actual del mapa geologico de España*, 1874.

# I

## CONSTITUTION PHYSIQUE.

*Orographie.* — La région étudiée par nous comprend l'est de la province de Malaga et l'ouest de celle de Grenade; elle est une des plus accidentées de la Péninsule; en dehors des plaines ou des plateaux ondulés qui s'étendent au sud de la vallée du Genil, elle n'est formée que de montagnes arides et dépourvues de verdure, dont l'aspect sauvage et triste donne au pays un cachet tout particulier. Ce sont d'abord, vers le sud, une suite de sierras à croupes arrondies et à arêtes peu prononcées; ces montagnes, disposées en chaînons orientés à peu près E.-O., sont creusées de profonds ravins (*barrancos*) au fond desquels coulent des torrents, à sec pendant la belle saison, entraînant, lorsqu'ils sont grossis par les pluies, les schistes dont se composent les sierras, et que ne protège aucune végétation. Ces chaînes, avec leur physionomie si spéciale, s'étendent de la sierra de Mijas à la sierra Nevada et portent successivement les noms de sierras de Casabermeja, de Colmenar, de Comares et de Viñuela.

Près du village de Periana les montagnes changent de physionomie, leurs arêtes deviennent plus accusées, leurs pentes rocheuses et escarpées; les croupes arrondies et schisteuses reculent vers le sud et font place aux chaînes calcaires de la Tejeda et de Jatar (1,828 m.); plus à l'est, la sierra Almijara avec la Nava Chica (1,831 m.) envoie des ramifications au nord (sierra del Aguilar et ses dépendances, Cajon, 1,438 m.) jusque près d'Albunuelas et de Padul. Ces massifs vont se relier à la sierra Nevada (Mulhacen, 3,481 m., Veleta 3,478 m.). Au sud de cette ligne de faîte, s'étend une zone sillonnée de profonds ravins; le terrain, encore très accidenté, s'abaisse brusquement vers le littoral. La côte, assez abrupte, n'est interrompue çà et là que par des plaines cultivées ou *hoyas* (Malaga, Torre del Mar, Motril), qui représentent sans doute d'anciens estuaires.

En remontant vers le nord, on trouve une suite de chaînons qui attirent l'attention par leur couleur blanche et la physionomie uniforme de leurs escarpements calcaires. L'ensemble forme une ligne sensiblement parallèle à celle du massif précédent, orientée E.-O. jusque près de Periana et s'infléchissant ensuite vers le N. E. On y distingue, en commençant par l'ouest, les sierras Abdalajis, de la Jama, del Valle, les Orejas de la Muela, le petit pointement de la Fuenfria (1,381 m.), les arêtes du Camorro Alto et du Torcal (1,377 m.), les sierras Chimeneas, Palomera, de las Cabras, del Dornillo, del Saucedo, de Jorge, du Gibalto (près de Salinas). A cette première série se rattache près d'Alfarnate la sierra de Loja qui comprend les sommets du Sillon Bajo (1,468 m.), de las Cabras (1,644 m.), de Frailes (1,559 m.) et de Gorda (1,671 m.). Plus à l'est, les sierras de Zaffaraya, de Enmedio et celle de Marchamonas s'étendent jusqu'à Periana, et la sierra de Alhama jusque près de Jatar, tandis qu'au nord du Genil, les Hachos de Loja (1,005 m.), les sierras de Montefrio (1,600 m.), Parapanda (1,604 m.), Pelada, Jarana, d'Iznalloz, d'Orduña et de Amiar forment une seconde ligne plus continue qui se poursuit à l'est jusqu'à la mer, à travers la province de Murcie et celle d'Almeria. Plus loin au nord, les sierras de Cabra, de Priego, de Lucena constituent une suite d'arêtes montagneuses parallèles aux précédentes.

Entre les deux chaînes principales dont nous venons d'indiquer les sommets et qui, d'El Chorro à Zaffaraya, ne sont séparées par aucune dépression considérable, s'étend, du côté d'Alhama et de Grenade, un vaste bassin, sorte de plateau ondulé (altitude 920 m. à Alhama, 750 m. à la Malá, sommets entre 1,000 et 1,600 m.) que traverse au nord le Genil. Cette dépression, fermée de toutes parts par des montagnes élevées et dont les eaux ne trouvent d'issue que dans le défilé de Loja (500 m.), est occupée par des olivettes et des landes dans ses parties élevées; la portion tout à fait basse, fertilisée par les eaux du Genil, véritable jardin au milieu d'un désert, constitue la vega de Grenade (550-700 m.).

A l'est, la région montagneuse est également bordée par des plaines fertiles qui s'étendent aux environs de Mollina, de Bobadilla et d'Antequera; ces plaines, entourées de collines ondulées et monotones, sont interrompues par quelques pics escarpés, comme le peñon de los Enamorados, qui annoncent déjà les massifs de la chaîne principale.

*Hydrographie.* — Le *Genil,* tributaire du Guadalquivir, prend sa source dans le massif de la sierra Nevada, à l'est de Grenade, reçoit les Aguas Blanquillas, arrose la vega après avoir reçu, en traversant Grenade (altitude 684 m.), le Darro et, un peu plus loin, le Monachil, la Rambla Seca et le rio Dilar, tous trois issus des pentes de la Nevada. Les eaux du bassin tertiaire se déversent dans le Genil par les rivières de la Malá, de Cacin et d'Alhama, qui prennent leurs sources dans la sierra Tejeda et ses annexes. Du nord, de nombreux torrents (rio Velilla, rio Milano, etc.) descendent des chaînes de la Parapanda et de la sierra Pelada et apportent au Genil leur tribut inégal. A Loja, le Genil reçoit encore les eaux abondantes du Manzanil, issu du massif calcaire par une source vauclusienne dont les eaux proviennent sans doute des infiltrations du bassin de Zaffaraya. Après s'être encore adjoint le rio Frio, le Genil change brusquement de direction et se dirige vers le N. E.; il quitte en même temps la région qui nous occupe.

Le *Guadalhorce* sort des montagnes calcaires de la sierra de Jorge, entre Loja et Alfarnate. Il traverse les landes de Villanueva del Trabuco, passe au pied du peñon de los Enamorados et longe au nord les chaînes d'Antequera et d'Abdalajis jusque près de Bobadilla. A partir de ce point, le Guadalhorce se dirige vers le sud. Il franchit, par un défilé grandiose, les chaînes bétiques et, en sortant de cette « cluse » sauvage, arrose les champs d'orangers et de cannes à sucre de Cartama et d'Alora, avant de se jeter dans la Méditerranée à l'ouest de Malaga.

Le *Guadalfeo* ou *rio Grande* prend naissance dans la partie orientale de la sierra Nevada; il court du N. E. au S. E. jusqu'à Ifo, où
il reçoit les eaux du rio de Lanjaron et toutes celles que lui
amènent les nombreux torrents issus du flanc occidental de la
Nevada. C'est là aussi que viennent aboutir les eaux du bassin
d'Albunuelas, celles de Durcal, etc. Grossi de ces torrents, le
Guadalfeo court vers la mer, où il se jette à l'ouest de Motril.

Les chaînes méridionales de la sierra Almijara, de la Tejeda et
des environs de Colmenar envoient à la Méditerranée de nombreux torrents qui coulent dans de grands ravins connus sous le
nom de *barrancos;* nous citerons comme les plus importants le
rio de Nerja, le rio de Torrox, le rio Guaro, le rio de Velez, enfin
le Guadalmedina, qui descend des hauteurs de Casabermeja et re-
joint la mer près de Malaga.

## II

### CONSTITUTION GÉOLOGIQUE.

Si, maintenant, nous examinons la constitution géologique de la
contrée, nous serons frappés dès l'abord de la disposition régulière qu'y affectent les divers systèmes de couches et des rapports
intimes qui existent entre leur distribution et le relief de la région.

D'une façon générale, les divers terrains se présentent en *bandes
parallèles*[1], dirigées d'abord de l'ouest à l'est, puis s'infléchissant
vers le N. E. pour pénétrer dans la province de Grenade.

#### a. — Région bétique.

En nous dirigeant du littoral méditerranéen vers le nord, nous
rencontrons en premier lieu une bande de terrains anciens que

---

[1] MM. Taramelli et Mercalli viennent
de publier dans leur mémoire sur l'Andalousie un excellent schéma de cette
disposition, qui a été jusqu'ici souvent
méconnue. Ce schéma est accompagné
d'une bonne coupe allant de Torre del
Mar à la sierra Parapanda.

nous avons vus déjà constituer une chaîne distincte au point de vue géographique. Cette zone est occupée par des phyllades et des schistes argileux, en général très plissés. Les ondulations des schistes ont été nivelées par les érosions et l'on voit reposer sur leur tranche, dans la région du littoral, des assises triasiques, des couches jurassiques fort réduites avec quelques lambeaux éocènes et pliocènes.

Le massif schisteux ainsi défini, dont la croupe septentrionale paraît avoir été émergée à une époque assez reculée, se prolonge à l'est jusque dans la sierra Nevada, dont les sommets sont également formés de schistes argilo-micacés anciens.

A partir d'Alcaucin, c'est-à dire à peu près du point où commence l'inflexion déjà signalée dans la direction des bandes de terrains, un autre élément vient s'ajouter aux schistes : ce sont des calcaires cristallins, formant en partie la sierra Tejeda, les montagnes d'Albunuelas, de Dilar, de Quentar, et y dessinant une série d'escarpements que traverse, près du pont d'Ifo, la grande route de Grenade à Motril, dans un pittoresque défilé.

Cette première chaîne est connue sous le nom de *cordillère* ou *chaîne bétique*. Elle paraît, ainsi que nous le verrons par la suite, avoir joué un grand rôle dans l'histoire de la Péninsule dès les périodes géologiques les plus anciennes.

### b. — Zone subbétique.

Les sierras qui s'élèvent au nord de la chaîne ancienne et qui en suivent la direction générale sont constituées essentiellement par des calcaires jurassiques plissés et disloqués. Ces chaînes secondaires sont en quelque sorte noyées au milieu des dépôts tertiaires qui les recouvrent irrégulièrement, et masquent presque partout leur contact avec la cordillère méridionale. Mais, malgré les recouvrements tertiaires, il est manifeste que cette suite de sommets doit son origine à un refoulement d'ensemble des assises mésozoïques et joue par rapport à la chaîne bétique le même rôle que les Préalpes par rapport aux Alpes suisses, ou que les chaînes subalpines par rapport aux zones alpines du Dauphiné; c'est la zone *subbétique,* qui se prolonge d'ailleurs à travers la province d'Almeria.

Au nord de cette première ligne de sommets, une bande plus large de collines moins élevées, plus doucement ondulées, appartient également à la même zone plissée de terrains secondaires; elle présente seulement un caractère différent par suite de la nature plus marneuse des assises triasiques (de Gobantes à Loja) ou crétacées (du côté de Montefrio) qui la composent. On y voit encore apparaître çà et là quelques pitons rocheux de calcaire jurassique, dont le plus remarquable est le peñon de los Enamorados, à l'est d'Antequera. Quelques sommets couronnés de grès molassiques, quelques dépressions plus fertiles, remplies de dépôts nummulitiques, en varient aussi localement le caractère d'ensemble.

Plus au nord encore, une nouvelle chaîne jurassique, étroite et allongée du S. O. au N. E. (la Tiñosa), puis au delà une bande de collines triasiques (Priego) continuent dans la province de Jaen la zone plissée subbétique.

### c. — Bassin de Grenade.

A l'est de Zaffaraya et d'Alhama jusqu'au nord de Grenade, les chaînes bétique et subbétique se séparent orographiquement, et le large intervalle qu'elles laissent entre elles forme une région ondulée, sorte de grand plateau découpé par les érosions et traversé au nord par la vallée du Genil. Bordé partout de sierras abruptes et dénudées, sauf dans l'étroit intervalle qui sépare la Parapanda des Hachos de Loja, le bassin de Grenade constitue une région spéciale, une vaste aire d'affaissement relativement récent au milieu du massif plissé; il a été rempli et comblé à la fin de l'époque miocène par un amoncellement de sables et de cailloux roulés, au milieu desquels le fond ancien émerge encore par places en îlots isolés. La sierra Elvira au N. E, le pointement d'Alhama au S. O., tous deux jurassiques, celui de la Malá entre les deux, formé de calcaires anciens, permettent de présumer, sous ces dépôts récents, la place de l'ancienne ligne de contact des terrains anciens et secondaires. Au N. E. de Grenade, un peu au-dessus d'Alfacar, la bande des calcaires anciens vient de nouveau se souder à celle des calcaires jurassiques, complétant ainsi la ceinture du bassin.

Avec sa bordure de montagnes et les sommets neigeux qui le dominent, les teintes dorées dont le soleil colore ses collines sableuses, avec la fertile et verdoyante vega que le Genil y a ouverte et élargie au sortir des montagnes, le bassin de Grenade est, au point de vue de la beauté pittoresque comme de la richesse, une région privilégiée dans l'Andalousie, et l'ancienne résidence des rois maures apparaît bien, ainsi qu'une oasis au milieu du désert, comme le centre vers lequel devaient se porter les habitants de la région bétique. Au point de vue géologique, c'est un remarquable exemple de ces champs d'affaissement dont M. Suess a signalé la fréquence sur le bord des régions plissées, et dont l'étude détaillée des différentes chaines fera de plus en plus ressortir l'importance.

D'après ce qui précède, il faudrait, pour donner une description complète de la contrée qui nous occupe, étudier successivement :

1° Une chaine méridionale ancienne : la *chaîne bétique;*

2° Des chaines septentrionales plus récentes : les *chaines subbétiques;*

3° Une aire d'affaissement (Senkungsfeld) : le *bassin tertiaire de Grenade.*

Chacune de ces régions a son histoire géologique.

Nous nous occuperons spécialement dans ce mémoire des deux dernières, auxquelles ont dû se borner nos études.

## III

## STRATIGRAPHIE.

Nous commencerons la description des couches par l'étude du trias, en renvoyant, pour tout ce qui concerne les terrains anciens et paléozoïques [1], aux travaux de MM. Michel Lévy, Bergeron, Barrois et Offret, qui ont étudié ces assises dans les sierras de Ronda, Tejeda, Almijara, Nevada, et sur le littoral.

### A. TERRAIN TRIASIQUE.

*Historique.* — Il y a longtemps que l'on connaît l'existence du trias en Andalousie; les auteurs s'en sont tous occupés à cause de l'aspect caractéristique des dépôts qui le constituent. Cook, puis Slvertop (1834) en donnent la description aux environs d'Antequera. Hausmann (1842) fait mention des grès et des marnes à gypse du Palo; il les rapproche du grès bigarré. Le keuper a été signalé en 1854 sur le chemin de Velez Malaga à Alhama par M. Scharenberg. Le même auteur mentionne le grès bigarré près de Loja et des marnes gypseuses, probablement triasiques, près de la Cartuja et de Colmenar.

Enfin les assises du trias ont été étudiées par de Verneuil et Collomb, qui ont fait ressortir avec raison la remarquable analogie de ces dépôts avec ceux de nos contrées septentrionales. Peu de temps après, nous voyons d'Archiac (*Histoire des progrès de la géologie,* t. VIII) décrire, d'après de Verneuil, le trias de l'Andalousie. Il fait remarquer la présence du quartz en cristaux bipyramidés dans ces assises. Depuis, MM. Ansted, de Orueta, Gonzalo y Tarin, Drasche,

---

[1] M. O. Fraas (*Aus dem Süden*, p. 53) parait ne pas admettre l'existence des terrains anciens et paléozoïques dans la chaîne bétique. Cette manière de voir est en contradiction avec les travaux les plus sérieux qui aient été publiés sur ce massif.

Fraas ont consacré dans leurs ouvrages de nombreuses pages au trias et aux couches qu'on lui rapporte dans la chaîne bétique.

### Description des couches.

Nous distinguerons dans les affleurements qui nous semblent se rapporter au trias plusieurs zones, où il se présente avec des développements et des faciès très différents. Ce sont :

1° La partie du littoral comprise entre Malaga et Velez, où dominent des grès rouges, rappelant les grès permiens ou les grès bigarrés;

2° Les collines de la chaîne bétique, à l'est de la sierra Tejeda, où des lambeaux de calcaire cristallin, de plus en plus développés vers l'est, alternent avec des schistes satinés ressemblant un peu aux schistes lustrés des Alpes, mais souvent bariolés et gypsifères;

3° Deux petits affleurements assez restreints, au nord d'Alfacar et sur le bord ouest de la sierra Tejeda (cortijo Azafranero), s'intercalant, aux points où le contact direct est observable, entre la chaîne bétique et les sierras jurassiques de la zone subbétique;

4° Les affleurements de la zone subbétique, rappelant nettement le faciès des marnes irisées du nord de l'Europe et formant principalement deux grandes bandes continues orientées S.O-N.E; l'une s'étend de Gobantes, par Antequera et Archidona, à Loja et El Tocon, où elle disparaît sous le lias de la sierra Parapanda; l'autre, plus au nord et déjà en dehors de notre champ d'études, se dirige de Priego et Carcabuey vers le nord-est dans la province de Jaen et se retrouve le long du chemin de fer près de Roda, où elle forme sans doute le substratum de la lagune salée (Lago Salado).

Cette simple énumération montre déjà que, dans le trias, les zones de faciès différents s'orientaient suivant l'axe futur de la chaîne bétique.

3.

*Littoral méditerranéen.* — Le trias des environs de Malaga[1] a fait l'objet d'études approfondies de la part de M. Ansted. Cet auteur mentionne également des conglomérats et des calcaires magnésiens qu'il attribue au permien. MM. Taramelli et Mercalli[2] signalent près de Malaga des conglomérats qu'ils rapprochent du carbonifère des Alpes Carniques.

Il y a, croyons-nous, à distinguer dans ces affleurements deux séries distinctes dont la concordance même n'est pas bien certaine. Ce sont d'abord des grès quartzeux et des schistes d'un rouge foncé et violacé, avec conglomérats à la base, rappelant le permien de nos régions. Ils forment, entre Malaga et Velez Malaga, des lambeaux assez étendus qui recouvrent en discordance complète les terrains plus anciens. On n'y a pas découvert de restes organisés.

Dans un ravin au N. O. du Palo, on relève la succession suivante (de bas en haut) :

1° Conglomérat à pâte foncée, à grains de quartz blanc et fragments de phyllades;

2° Calcaire gris compact;

3° Conglomérat fin;

4° Grès quartzeux et schistes rouges.

A Rincon de la Victoria, des calcaires compacts, d'un brun noirâtre, légèrement cristallins, sont associés à des grès rougeâtres analogues, sans fossiles. A la montagne de Velez, nous voyons au-dessus des phyllades anciennes :

1° Un poudingue à cailloux de quartz (60 centimètres);

2° Des grès jaunes quartzeux, tendres (1 mètre);

[1] MM. O. et E. Fraas (*Aus dem Süden*) parlent d'un « calcaire de Malaga » renfermant des fossiles incontestablement triasiques. Ils les rangent même dans le Hauptmuschelkalk et y citent des *Ceratites.* D'après ces mêmes auteurs, on rencontrerait en outre sur le littoral, entre Malaga et Torrox, le lettenkohle (!?), le keuper et le lias. L'un d'eux attribue au keuper les couches à *Calamites* et à *Equisetum* de Malaga que lui a montrées M. de Orueta.

[2] MM. Taramelli et Mercalli font en outre, dans leur récent mémoire, mention d'un conglomérat qui rappellerait le permien des Alpes occidentales et qui affleurerait près de Malaga.

3° Puis viennent les marbres probablement nummulitiques qui supportent le château.

A l'est du château, nous avons vu des bandes étroites de grès jaunes analogues, bizarrement intercalées dans les phyllades.

Fig. 1. — Coupe de la montagne de Velez Malaga.

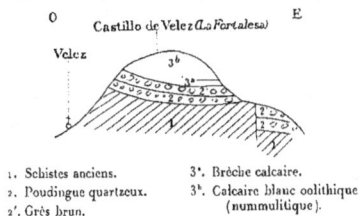

1. Schistes anciens.
2. Poudingue quartzeux.
2'. Grès brun.
3ᵃ. Brèche calcaire.
3ᵇ. Calcaire blanc oolithique (nummulitique).

Enfin M. de Orueta indique sur sa carte et M. Bergeron a observé des lambeaux du même terrain près de Colmenar, c'est-à-dire sur les flancs de la chaîne bétique.

Des lambeaux jurassiques et nummulitiques surmontent par places les schistes rouges. A la base des premiers on peut voir, un peu avant le Palo, des marnes grises et rougeâtres avec gypse, des calcaires dolomitiques en plaquettes minces et des cargneules, qui sont sans doute le représentant aminci du trias supérieur. A Rincon della Victoria, nous avons retrouvé ces mêmes plaquettes dolomitiques associées à un calcaire noirâtre en gros bancs.

*Partie orientale de la chaîne bétique.* — L'existence de couches triasiques, métamorphiques, dolomies et schistes satinés, dans le massif de la sierra Nevada, a été signalée par de Verneuil et Collomb en 1857. Ansted mentionne également dans les sierras Nevada et de Gador des calcaires qu'il considère comme secondaires. Dans la deuxième édition de leur carte géologique de l'Espagne, de Verneuil et Collomb les distinguent sous la dénomination de *trias incertain.* M. de Botella en a fait du permien. M. Drasche, en 1879, maintient les mêmes doutes sur leur âge, tout en

penchant vers l'attribution au trias. La présence d'amas de gypse
et l'intercalation de schistes rouges ont été pendant longtemps les
principales raisons déterminantes de cette attribution. La question
a fait un grand pas depuis que M. Gonzalo y Tarin a découvert
dans les calcaires métallifères de la sierra de Gador des fossiles
triasiques. De plus, M. Barrois a trouvé, dans des calcaires des
Alpujarras, des coupes de Rudistes qu'il a pu rapporter au genre
*Megalodon.*

Il est donc certain que le trias existe dans cette partie de la
chaîne bétique, mais la distinction n'en est pas partout facile à
faire. Les calcaires triasiques ont souvent été confondus avec des
calcaires plus cristallins, en masses beaucoup plus grandes, qui
alternent avec des phyllades et qui semblent devoir être rapportés
au cambrien (voir les mémoires de MM. Barrois et Offret). Les
schistes satinés présentent eux-mêmes une grande ressemblance
d'aspect avec les phyllades. C'est par suite de cette confusion que
les cartes antérieures marquent une grande ceinture (trias, trias
incertain, permien) autour de la sierra Nevada. Dans notre région,
les calcaires de Jatar, Albunuelas, Padul, Alfacar, Huetor San-
tillan, nous semblent identiques entre eux et probablement cambriens. Près de cette dernière localité, quelques affleurements
jurassiques isolés ont été conservés à leur surface ou dans leurs
plis; ceux du trias, quoique un peu plus étendus, se réduisent
pour nous à des enclaves analogues. Nous avons eu l'occasion de
les constater à Lanjaron[1] (voir le mémoire de MM. Barrois et
Offret), à l'est de Quentar et sur la route de Grenade à Diezma.

A Quentar, les travaux de canalisation entrepris par M. Guillemin-Tarayre, pour amener l'eau nécessaire à l'exploitation de la
mine d'or de Grenade, nous ont facilité l'étude de ces calcaires.
Ils forment une barre abrupte qui ferme brusquement la vallée
et que traverse seulement une fissure profonde et impraticable

---

[1] M. O. Fraas parle d'un bloc de marbre à bandes noires et grises contenant
des Térébratules et provenant de Lanjaron; il aurait vu ce bloc dans les collections
du lycée de Grenade.

creusée par les eaux. Ils sont noirâtres, avec taches rosées, nettement dolomitiques, et renfermant de petits cristaux de gypse et
de galène. De l'autre côté de cette barre calcaire, le vallon s'élargit dans des couches plus délitables, que nous n'avons pas eu le
temps d'aller visiter, mais qui nous auraient sans doute montré
les schistes satinés associés à ces calcaires.

Sur la route de Grenade à Diezma, après avoir quitté, au-dessus
de Huetor, les cailloutis tertiaires, on entre dans des calcaires cristallins blancs ou bleuâtres, bien lités, qui appartiennent à la série
ancienne. Des lambeaux de calcaire blanc jurassique et de dolomies grossières s'y appliquent un peu avant le point culminant et
font tache sur leur masse uniforme. Puis, au delà du col, on traverse une série puissante où l'on voit alterner, avec des plissements
très accusés, des schistes satinés s'irisant par décomposition superficielle, des calcaires cristallins passant aux cargneules, puis
des grès rougeâtres et cristallins alternant avec quelques schistes
rouges et qui paraissent occuper la base de l'ensemble au centre
du pli anticlinal où coule le ruisseau de Diezma (Anchuron). De
l'autre côté de la vallée, sur les flancs nord des monts Orduña,
ces mêmes couches semblent se continuer à une grande hauteur;
une tempête de neige, qui a arrêté notre excursion de ce côté,
nous a empêchés de les visiter; mais on peut du moins affirmer,
même à distance, que le versant nord de cette montagne n'est pas
formé, comme l'indiquent les cartes, de calcaires jurassiques.

A Diezma même, ces couches sont surmontées par les calcaires
blancs du lias.

Si, comme nous le croyons, cette petite bande de trias se
poursuit vers l'ouest au pied des monts Orduña, elle doit pouvoir
se relier d'une manière presque continue aux affleurements d'Alfacar, où s'accuse nettement le facies subbétique. On peut même
dire que, déjà sur la route de Diezma, ce trias, avec ses grès
rouges[1] et ses cargneules, offre minéralogiquement un caractère

[1] Leonhard avait signalé déjà des grès triasiques au nord de la sierra Nevada.

mixte. Une étude détaillée de cette zone présenterait donc un grand intérêt au point de vue du raccordement des deux facies du trias.

*Limite des chaînes anciennes et secondaires.* — Nous avons déjà dit que cette limite était presque partout masquée par des recouvrements tertiaires, nummulitiques ou miocènes. Elle ne peut s'observer que près d'Alfacar, au nord de Grenade et près de Zaffaraya, à l'ouest de la sierra Tejeda. En ces deux points, on trouve des lambeaux de trias, peu développés, mais importants à noter, parce que des grès cristallins, analogues à ceux de Diezma, y sont intercalés dans des marnes rouges, semblables à celles de la région plus septentrionale.

Fig. 2. — Coupe prise près de Guevejar.

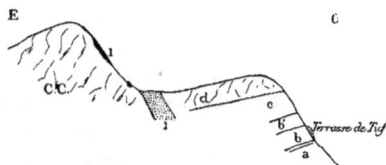

C.C. Calcaire cristallin.
1. Grès et marnes rouges triasiques plaqués dans les anfractuosités du calcaire cristallin.
a. Système du gypse.

b. Marnes multicolores.
b'. Marnes à *Melanopsis impressa*.
c. Marnes multicolores et cailloutis.
d. Tuf calcaire. (*Helix*, végétaux.)

A l'est de Guevejar, des marnes micacées lie de vin et des grès d'un rouge violacé, très micacés, sont plaqués dans les anfractuosités des calcaires cristallins (cambriens) qui se dressent au-dessus des collines miocènes. Dans le petit vallon de Calicosas, ces mêmes couches forment à la chaîne ancienne une bordure un peu plus étendue; mais bientôt, en amont, l'affleurement se termine en pointe, laissant des calcaires dolomitiques bien lités (probablement jurassiques) s'appuyer directement sur les calcaires cristallins.

Près de là, un banc de grès intercalé passe à de véritables quartzites.

L'affleurement du cortijo Azafranero, à l'ouest de la sierra Tejeda, est encore plus restreint et en partie masqué par le nummulitique. Il offre des caractères analogues et a été pour la première fois signalé par M. Macpherson.

*Trias des chaînes subbétiques.* — Là nous trouvons, avec tous ses caractères, le faciès des marnes irisées du nord de l'Europe. Ce sont essentiellement des argiles bariolées, mais le plus souvent rouges, avec amas de gypse gris à veines blanches et lentilles plus ou moins étendues de calcaires noirs, de cargneules et de bancs dolomitiques. Dans toute la bande qui s'étend de Gobantes à Loja, ces couches sont très bouleversées, les rapports de superposition y sont le plus souvent difficiles à observer, et il ne semble pas possible d'y reconnaître un ordre constant de superposition comme en Souabe ou en Lorraine. Quelques grès rouges et quelques psammites s'y mêlent au sud d'Antequera. En face du peñon de los Enamorados, nous y avons observé une enclave de calcaire cristallin, rappelant ceux de Lanjaron et de la route de Diezma. Le sel n'y fait pas défaut; il est exploité à las Salinas et la présence en est signalée par M. Gonzalo y Tarin près de Loja. C'est aussi évidemment, comme nous l'avons dit, à un substratum triasique qu'est due la présence du sel dans les eaux du Lago Salado, à l'ouest de la ligne de Bobadilla à Cordoue.

Les plis multiples qui font reparaître plusieurs fois les mêmes couches ne permettent pas d'évaluer même approximativement la puissance du système. On peut toutefois affirmer qu'elle est considérable.

Les roches ophitiques y abondent sous forme de filons ou plus souvent de pointements isolés, en général de très peu d'étendue. Un seul de ceux que nous avons rencontrés près du cortijo [1] de las Perdrices, à l'ouest d'Antequera, forme un mamelon arrondi assez

[1] *Cortijo*, ferme.

IMPRIMERIE NATIONALE.

abrupt, semblable aux buttes ophitiques des Pyrénées. Les affleurements triasiques se poursuivent dans la plaine d'Archidona et, plus à l'est, jusqu'aux sources du Guadalhorce; on les retrouve à Villanueva del Rosario.

La bande de Priego, plus au nord, montre des couches analogues; on y trouve, au milieu des marnes bariolées, des amas de gypse, des bancs de grès rouge intercalés, et, à Priego même, il existe des sources salines. Au pied du village de Carcabuey, près du détour de la grande route, on voit, dans l'axe d'un pli anticlinal, un calcaire compact, noirâtre, en assises épaisses, contenant des silex et supportant le système des marnes irisées avec gypse. Par sa position, ce calcaire pourrait correspondre au muschelkalk, il ne nous a fourni que des empreintes très vagues de fossiles.

A la sierra de la Murgania et de los Billares, le trias renferme de la pyrite de fer et des cristaux de quartz bipyramidé d'une pureté et d'une régularité remarquables.

Dans ce qui précède, l'assimilation des couches en question au trias n'est fondée que sur leurs caractères minéralogiques. La position stratigraphique de la bande d'Antequera serait presque de nature à inspirer des doutes sur cette assimilation généralement admise. En effet, cette bande montre presque partout une stratification indépendante de celle des chaînes jurassiques qui la bordent au sud. Ses contournements plus nombreux peuvent, il est vrai, être le résultat de sa nature plus plastique, ou aussi être partiellement attribués à des actions secondaires de dissolution du gypse [1]. Il n'en faut pas moins supposer, pour expliquer l'indépendance de cette allure, que deux failles à peu près continues, en général masquées sous le tertiaire, bordent la bande au sud et au nord, ou qu'il y a discordance entre ces couches et les dépôts jurassiques.

[1] Nous ne parlons pas, volontairement, des bouleversements causés par les ophites; le rôle passif des ophites dans les mouvements mécaniques des couches ne nous semble pas plus contestable en Andalousie que dans les autres régions.

D'abord les arguments en faveur de l'âge triasique sont les suivants :

1° En suivant la bande de marnes jusqu'au nord de Loja, sur les bords du Genil, on les voit, au sud du Pradon, s'enfoncer régulièrement sous le lias et reparaître plusieurs fois dans les ondulations de la chaîne liasique des Hachos.

2° En suivant vers le N. E. la bande de Priego, on a trouvé près de Hornos, dans des calcaires intercalés, les fossiles caractéristiques du muschelkalk (*Gervillia socialis, Myophoria Goldfussi*).

3° Les plissements des sierras jurassiques font en plusieurs points apparaître un substratum de marnes rouges identiques à celles des bandes précitées; et nous y avons trouvé à la partie supérieure, comme nous le dirons tout à l'heure, des fossiles caractéristiques du keuper.

En ce qui regarde une discordance possible des deux séries triasique et jurassique, il convient de dire tout d'abord qu'il faut se défier d'apparences semblables entre des masses marneuses et calcaires; nous aurons l'occasion de revenir sur ce point. De plus, dans les points où la superposition du jurassique au trias peut être observée (Gobantes, Enebral, Villanueva del Trabuco, Hachos de Loja), elle se fait en parfaite concordance. Il est vrai que les rares témoins jurassiques superposés à la bande marneuse sous la forme de collines calcaires isolées, par exemple la butte liasique qui s'élève à l'est de la station de Salinas, peuvent sembler plaider contre cette opinion : la stratification, bien marquée, des calcaires jurassiques n'est pas parallèle à la ligne de séparation des deux étages; ce ne sont pas les mêmes zones du lias qui sont partout en contact avec les marnes. Il faut supposer ou qu'il y a eu un enfoncement inégal de la butte dans son substratum marneux, ou qu'une partie des marnes qui l'entourent est remaniée, comme cela semble être le cas dans la tranchée qui va à la gare.

La question se pose plus embarrassante, quand on monte vers le nord, dans le bassin crétacé de Montefrio ou dans la bande triasique de Priego; dans l'une, les ravinements des vallées ont mis à jour sous le crétacé (chemin de Loja à Montefrio) des marnes et grès rouges gypsifères avec filons ophitiques; dans l'autre, des îlots crétacés reposent directement sur le trias, ainsi que cela est indiqué sur la carte de la province de Jaen par M. de Mallada, et ainsi que M. Kilian a pu le vérifier en se rendant de Montefrio à Cabra. Nous reviendrons sur cette difficulté en étudiant le crétacé.

Il nous reste à parler des affleurements moins étendus que les failles ou les plissements font reparaître au milieu des sierras jurassiques; ils prennent un intérêt spécial par suite des fossiles que nous y avons rencontrés.

La tranchée du chemin de fer de Malaga, entre Gobantes et El Chorro (avant le tunnel n° 9), traverse des marnes irisées qu'un double plissement fait buter au nord, par faille, contre des assises tithoniques; au sud, elles s'enfoncent régulièrement sous celles du lias. Elles forment une bande que l'on peut suivre assez loin vers l'est dans la montagne, et qui est remarquable par les ravinements et les glissements qu'elle a subis. A la partie supérieure, elles contiennent de petits bancs de gypse et se terminent par des bancs minces de calcaires brunâtres, marno-schisteux, dans lesquels nous avons recueilli : *Natica* cf. *gregaria* Schl. (abondant), *Myophoria* cf. *vestita* v. Alb. (4 exemplaires), *Lucina* sp., *Gervillia præcursor* Quenst. (couvrant la surface d'un banc), *Terebratula* sp., c'est-à-dire des espèces qui se rencontrent dans le keuper de l'Europe septentrionale.

Les affleurements analogues du cortijo d'Enebral et de Villanueva del Rosario ne méritent d'être cités, en dehors de leur position stratigraphique, que parce que nous y avons trouvé des fragments de roches ophitiques, nouvelle analogie avec ceux de la bande de Gobantes et d'Antequera.

A la sierra Elvira, les marnes irisées se montrent en deux points, près de Pinos Puente et dans l'anse qui s'ouvre au sud de la chaine en face des Baños. Dans la première localité, elles

affectent la forme d'argiles gréseuses et durcies, d'un rouge brunâtre. De nombreux filets gypseux y sont intercalés sur le versant
septentrional. Elles se terminent en haut par des calcaires marneux, dolomitiques, d'un gris jaunâtre, qui contiennent des restes
de fossiles assez mal conservés. Au-dessus, en parfaite concordance,
viennent des calcaires noirs en petits bancs, bien lités, et une
grande masse de dolomies, appartenant au lias. Le second affleurement contient également du gypse, déjà signalé par M. Gonzalo
y Tarin, et un pointement ophitique; il bute à l'ouest, par une
faille locale, contre les calcaires du lias moyen et supporte au sud,
en parfaite concordance, des calcaires dolomitiques qui forment
sans doute la base du lias. C'est peut-être le point où l'analogie
avec les marnes irisées de Lorraine est le plus frappante. Nous
avons pu y recueillir un échantillon de *Terquemia* (*Carpenteria*)
*spondyloides* Goldf.

Enfin, nous devons encore signaler la colline à laquelle est
adossé Villanueva del Trabuco et dont les marnes rouges et vertes,
avec amas de gypse, forment un pointement isolé au milieu du
nummulitique. Le gypse est là à l'état de véritable brèche, incontestablement remanié, sans doute par suite de dissolution et de
recristallisation à courte distance : c'est le phénomène étudié
par M. Gümbel et signalé par lui sous le nom de « gypse régé-
néré ».

Le gypse est exploité aussi sur les bords du Genil, au nord-
ouest de Loja.

*Résumé.* — Sans parler donc du facies minéralogique, ni les arguments stratigraphiques ni les arguments paléontologiques ne
font défaut pour classer définitivement dans le trias les marnes
rouges d'Antequera et de Priego. L'hypothèse, d'ailleurs assez généralement abandonnée, qui voudrait faire résulter ce facies minéralogique si spécial d'un métamorphisme par les éruptions ophitiques, ne trouvera certainement pas de nouveaux appuis dans
l'étude géologique détaillée de l'Andalousie.

C'est bien le vrai trias, avec son facies dit continental, qui se montre dans toute la zone des chaines subbétiques. Dans la chaine bétique au contraire, et notamment au sud de la sierra Nevada (Alpujarras, sierra de Gador), il semble que la prédominance des masses calcaires indique plutôt un type pélagique. On en connait trop peu la faune pour rien affirmer, mais les restes organiques trouvés par M. Barrois sont un argument sérieux dans ce sens, et la présence du trias pélagique alpin aux Baléares et à Mora del Ebro rend très vraisemblable que la limite des deux facies se trouve précisément dans notre région.

Quant aux grès rouges du littoral, peut-être y aurait-il lieu de les rapprocher de ceux qui ont été signalés au Maroc; en tout cas, il convient de réserver encore la détermination de leur âge, qui pourrait être permien (voir le mémoire de MM. Michel Lévy et Bergeron).

### Fossiles recueillis dans le trias.

**Natica gregaria** v. Schl. Trias supérieur, tranchées d'El Chorro à Gobantes.

**Lucina sp.**                  idem,                  idem.

**Myophoria vestita** v. Alb.,   idem,                  idem.

**Gervillia præcursor** Quenst.  idem,                  idem.

**Terquemia (Carpenteria) spondyloides** Goldf. sp. Trias supérieur, sierra Elvira.

**Terebratula sp.** Trias supérieur, tranchées de Gobantes.

### B. — TERRAIN JURASSIQUE.

*Historique.*— Les calcaires jurassiques, avec leurs rochers blancs et arides, prennent une part considérable dans la constitution des chaines subbétiques. On verra que certaines de ces assises sont, dans quelques points, remplies des plus curieux fossiles. Il ne faut donc pas s'étonner si l'attention des voyageurs et des natura-

listes s'est portée de bonne heure sur ce puissant système dont les
représentants s'imposent en quelque sorte à l'observateur par la
hardiesse des escarpements et l'aspect désert des montagnes qu'ils
constituent. Aussi voyons-nous ce terrain mentionné dès les premières explorations faites en Andalousie.

En 1834, Cook signale la présence d'Ammonites jurassiques
(*Am. Gori*) dans les calcaires gris foncé de la sierra Elvira; cette
assertion fut reproduite par Ami Boué. L'année suivante, M. Traill
(British Association, *Report of the fifth meeting at Dublin*, 1835)
indique la présence du lias à silex dans le sud de l'Espagne.
En 1842, Hausmann émet l'opinion que les calcaires blancs qui
forment de puissants massifs au nord de la sierra Nevada, dans les
montagnes de Jaen et près de Malaga, pourraient bien appartenir
au terrain jurassique. D'après de Verneuil et Collomb (1857),
M. Linera aurait le premier rencontré des Ammonites dans les
calcaires jurassiques de la sierra de Abdalajis, ainsi qu'au col de
los Alazores. Nos deux compatriotes eux-mêmes donnent enfin
des renseignements précieux sur les divers étages jurassiques qui
affleurent dans le sud de l'Espagne.

Cependant M. Maestre, dans sa carte géologique (1863), ré-
unit sous la teinte du carbonifère inférieur les calcaires jurassiques
du massif de las Cabras et les assises plus anciennes des environs
d'Albuñuelas.

La deuxième édition de la carte de de Verneuil et Collomb
(1869) vint établir d'une manière définitive l'extension du jurassique en Andalousie. Depuis, les remarquables travaux publiés par
le service de la carte géologique de l'Espagne ont apporté de nombreux documents à la connaissance de ce terrain [1].

[1] MM. Taramelli et Mercalli, qui ont parcouru la région affectée par les derniers tremblements de terre, l'ont également étudiée au point de vue géologique. Ils y citent des calcaires marneux rouges à *Harpoceras bifrons*, ra- dians, erbaense, des marnes à *Harp. Murchisonæ*, et, terminant le jurassique, des calcaires roses ou verdâtres à *Pygope diphya*, *Perisphinctes contiguus*, *Phylloceras ptychoicum*, développés près d'Antequera.

C'est lui qui forme les principaux chaînons de la région subbétique, où ses crêtes arides émergent, comme des récifs, au milieu de dépôts en général plus récents. Dans cette série de bancs,
où les horizons marneux fossilifères sont rares, nous avons été
assez heureux pour découvrir l'existence de plusieurs étages dont
on n'avait pas encore rencontré les représentants dans la contrée.

Nous avons de plus constaté que le jurassique revêt dans cette
partie de l'Andalousie un facies essentiellement *alpin* ou plutôt,
ce qui revient à peu près au même, *méditerranéen*. Il se relie ainsi
aux terrains de même âge de la Sicile et de l'Italie, plutôt qu'à
ceux du reste de l'Espagne, où paraît dominer le facies atlantique
(province de Teruel, etc.).

### 1. — Infralias.

L'infralias est assez mal caractérisé dans la région; les fossiles y
font entièrement défaut. Cependant nous croyons devoir rapporter
à cet étage une série de couches qui nous ont paru supporter d'une
façon constante les assises du lias et qui se distinguent, en général, facilement de leur substratum triasique.

Dans les tranchées du chemin de fer, entre les tunnels 8 et 9 de
la ligne de Cordoue à Malaga, les marnes irisées sont surmontées
par un lit d'argile verdâtre auquel succèdent immédiatement des
calcaires grumeleux à Gastéropodes, que nous attribuons au lias.
Entre les tunnels 10 et 12, ces marnes vertes apparaissent une
seconde fois dans un ravin à l'est de la voie, où elles constituent
la base du jurassique. On les observe aussi sur la côte, près du
Palo.

Des cargneules surmontent les marnes triasiques près de Salinas
où elles supportent des calcaires gris et des dolomies. Il en est de
même près de Villanueva del Rosario et au cortijo Enebral où les
calcaires jurassiques (lias) sont séparés des couches rouges du trias
par des bancs de cargneules et de dolomies.

Aux Hachos de Loja, il existe, au contact des marnes irisées et du lias blanc à silex, une assise de cargneules surmontant des marnes vertes.

A la sierra Elvira, l'on observe également, derrière le village de Pinos Puente, une assise d'argile et de cargneules qui sépare les bancs liasiques des couches rouges du trias. On retrouve ces cargneules au second affleurement triasique de la sierra, près d'Atarfe. On voit également, dans ce massif, des calcaires blancs cristallins, qui pourraient appartenir aussi à l'infralias.

Entre Carcabuey et Cabra, la base du jurassique est occupée par des argiles verdâtres.

Enfin, près de Guevejar, les grès rouges du trias sont surmontés par des marnes verdâtres et des cargneules semblables à celles de Guevejar, de la sierra Elvira, de Loja et du cortijo Enebral.

Ces alternances de marnes vertes et de cargneules semblent donc former un terme constant à la base du lias, partout où l'on observe sa superposition directe sur le trias. De plus, ces couches, par leur composition minéralogique, rappellent celles de l'étage rhétien dans le midi de la France et spécialement en Provence.

Malgré l'attention particulière que nous y avons prêtée, nous n'avons pas su y découvrir de fossiles. Il faut ajouter que le facies de ces dépôts les relie très intimement à ceux du sommet du keuper, où nous avons signalé quelques fossiles marins.

## 2. — Lias inférieur et moyen.

La rareté des restes organisés, dans le massif de calcaires compacts qui se termine par les marno-calcaires à Ammonites du toarcien, ne nous a pas permis de séparer le sinémurien du liasien. Ces deux étages semblent se présenter sous le même aspect et leur délimitation respective demeure réservée à ceux qui auront plus de temps que nous à consacrer à cette étude.

A la sierra Elvira (voir pl. IV), la partie inférieure du lias est constituée par des calcaires noirâtres, compacts, assez puissants et bien lités. A l'est, du côté d'Atarfe, ils renferment de nombreux

5

silex noirs. A l'ouest et au nord, des masses importantes de dolomies s'y intercalent. Des débris d'Encrines et des restes de Bivalves sont tout ce que nous avons pu y recueillir.

Sur ces couches reposent de gros bancs d'un calcaire à Entroques (*Pentacrinus*) très spathique, d'un gris brunâtre, dans lequel sont ouvertes de grandes carrières. On en distingue deux
assises séparées par une suite de bancs compacts à silex, noirs, très
régulièrement disposés et analogues à ceux de la base.

Les calcaires à Entroques contiennent, en certains points, des
Bélemnites et de petites Ammonites indéterminables. Ils sont exploités sur le versant d'Atarfe. Viennent ensuite des calcaires rougeâtres à taches bleues et à structure bréchoïde, en gros bancs
séparés par des lits de marnes rouges schisteuses. On y trouvé
des Ammonites (*Lytoceras*) mal conservées.

Enfin, au-dessus de ces calcaires et sous les couches à *Am. bifrons*, on exploite, à la sierra Elvira, des marno-calcaires schisteux, de couleur grise ou rosée, remplis d'Ammonites; on y
trouve :

> *Am. algovianus* Oppel, très abondant [1].
> ——— ——— var. voisine de *retrorsicosta* Opp.
> ——— *Bertrandi* Kilian sp.
> *Ter. erbaensis* Suess.

On sait que l'*Am. algovianus* caractérise le facies alpin du lias
moyen (zone de l'*Am. margaritatus*). *Am. Bertrandi* se rencontre
dans le *medolo* de la haute Italie, d'où M. Meneghini l'a figuré
sous le nom d'*Am. algovianus*. En Souabe, il caractérise le lias
moyen (lias $\delta$, Quenstedt, *Der Jura*, pl. XXII, fig. 29). *Am. retrorsi-
costa* (*Am. obliquecostatus* Quenstedt, *pro parte*) se rencontre en
Souabe dans la zone à *Am. margaritatus* (Mitteldelta de Quenstedt)
et se retrouve dans le *medolo* de la Lombardie. *Ter. erbaensis* a
été signalé dans les couches rouges d'Erba, qui renferment plu-

---

[1] La sierra Elvira a été signalée par de Verneuil et Collomb (1857) comme un
gisement d'Ammonites jurassiques.

sieurs formes liasiennes. M. Zittel a cité cette espèce dans le lias supérieur de l'Apennin. Cependant M. Meneghini fait observer qu'on la rencontre surtout dans les calcaires inférieurs aux couches rouges du toarcien d'Erba, c'est-à-dire au sommet du lias moyen.

Il est donc probable, vu l'abondance de l'*Am. algovianus*, qu'il faut ranger ces couches dans l'étage liasien dont elles formeraient la partie supérieure.

A Alhama, un îlot jurassique, au milieu du miocène, montre la succession suivante, observable le long de la route de Loja, dans une gorge située entre la ville et les bains du même nom :

1° Une brèche, probablement miocène, qui se lie tellement aux couches jurassiques de la gorge, qu'il est très difficile d'indiquer avec précision le point où finit la brèche et celui où commence la roche en place;

2° Calcaires compacts, jaunâtres, à Bélemnites (n° 1 de la figure 3);

3° Calcaires semblables aux précédents, se débitant en fragments anguleux et renfermant *Am. ceras*, *Am. spiratissimus*, *Am. cylindricus*; cette dernière espèce est particulièrement caractéristique de la couche (n° 2 de la figure 3);

4° Marnes rouges et grises assez puissantes (n° 4 de la figure 3);

Fig. 3. — Coupe relevée entre Alhama et les Baños de Alhama.

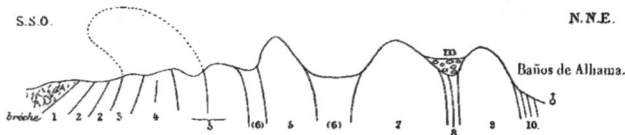

5° Calcaires à Entroques (n° 5 de la figure 3);

6° Calcaires compacts à Pentacrines et Rhynchonelles (n° 6 de la figure 3);

7° Calcaires (= 6°) alternant avec des marnes grises et des calcaires en plaquettes (n° 6 de la figure 3);

5.

8° Calcaires compacts gris-blanchâtre et bancs de marnes (n° 7 de la figure 3);

9° Marnes grises et calcaires compacts contournés par places (n° 8 de la figure 3);

10° Calcaire d'un blanc grisâtre à petites taches brunes (n° 9 de la figure 3);

11° Calcaire gris compact alternant avec des marnes gréseuses (n° 10 de la figure 3);

12° Conglomérats miocènes.

Les couches sont à peu près verticales, avec un léger pendage vers le nord. Les premières assises, celles que l'on rencontre d'abord en venant de la ville, seraient alors les plus anciennes. Mais il se pourrait qu'il y eût renversement, ou encore une suite de plis successifs. Toute comparaison de détail avec la série de la sierra Elvira semble impossible. En tout cas, les seuls fossiles que nous ait fournis ce système (assise n° 3) : *Am. ceras, Am. spiratissimus* et *Am. cylindricus,* sont des formes caractéristiques du lias inférieur et moyen (couches d'Hierlatz) des Alpes orientales. Le niveau auquel ils appartiennent est inférieur à celui de l'*Am. algovianus.*

L'horizon des Baños de Alhama représente donc une zone différente de la zone fossilifère de la sierra Elvira et plus ancienne qu'elle.

Au voisinage de la station de Salinas, des calcaires jaunâtres, quelquefois brunâtres, subcristallins, qui affleurent sous les couches rouges du lias supérieur, sur le flanc d'une colline à l'est de la gare, nous ont donné :

> *Belemnites* sp.
> *Arietites* cf. *multicostatus* v. Hauer (*non* Sow.)
> *Pecten* (*Amusium*) *Stoliczkai* Gemm.
> *Spiriferina rostrata* Schl.
> *Pygope Aspasia* Men., var.
> *Zeilleria* cf. *Andleri* Opp.
> —— *Partschi* Opp. sp.
> *Rhynchonella Dalmasi* Dum.
> —— *serrata* Sow.
> —— *triplicata* Quenst.

On reconnaît là le facies méditerranéen du lias moyen, tel qu'il se présente en Sicile, en Italie et dans certaines parties des Alpes (couches à *Pygope Aspasia*). La présence d'*Arietites* dénote un niveau assez bas du liasien; peut-être même les calcaires de Salinas comprennent-ils en partie le sinémurien.

Près de Villanueva del Rosario s'élève une chaîne calcaire qui paraît, du moins partiellement, être constituée par le lias. Ce sont des calcaires blancs, oolithiques par places, mais généralement compacts, à cassure esquilleuse et renfermant des articles de Pentacrines, des Polypiers et des Échinides. Ces calcaires contiennent de nombreux rognons de silex (jaspe brun-rougeâtre). Ils reposent sur des dolomies à teinte foncée. Non loin du village (au N. E.), une petite butte de ces mêmes bancs blanc-jaunâtre, subcristallins, à cassure esquilleuse, d'aspect coralligène, présentant des rognons de silex, nous a fourni :

> *Rhynchonella bidens* Phil.
> —— *Bouchardi* Dav.
> *Hinnites velatus* Goldf.
> *Nérinées.*
> *Pentacrines.*
> *Polypiers.*

D'après leur faune, ces calcaires appartiennent encore au lias moyen; ils affleurent aussi au cortijo de los Busques.

C'est également au lias que nous rapportons les masses calcaires qui forment au nord de Loja une série de montagnes rocheuses dominant la ligne du chemin de fer. On peut voir, en montant vers le Pradon, ces calcaires durs et blancs, à rognons de silex, s'appuyer sur des dolomies, des cargneules et des marnes vertes qui couronnent à leur tour des assises triasiques bien découvertes dans la vallée du Genil. Le long de la voie ferrée, les calcaires blancs sont accompagnés d'une dolomie fissile de couleur blanchâtre [1]. On nous y a signalé des phénomènes de phosphorescence.

[1] M. Gonzalo y Tarin cite le lias à Agua Alta, au nord de Loja.

A la sierra de Hachuelo, au sud-ouest de Montefrio, le lias forme un ilot entouré de toutes parts de marnes néocomiennes et de *lauzes* crétacées. Il est constitué par des calcaires bien stratifiés, remplis de Bélemnites, avec fragments d'*Arietites* (*Am.* cf. *Kridion*). On y trouve aussi des Encrines.

La sierra Parapanda paraît être constituée presque en entier par les calcaires blancs du lias alternant avec des dolomies. On trouve dans les éboulis qui couvrent ses pentes de nombreux articles de *Pentacrinus* engagés dans une roche blanche, compacte, à cassure esquilleuse, en tout point semblable à celle de Villanueva del Rosario. Le *Rh. furcillata* typique a été recueilli par nous dans ces assises, qui appartiennent donc bien au lias moyen. Certains fragments de calcaires sont couverts de calices de *Phyllocrinus*. Ces formes, qui rappellent le *Phyllocrinus alpinus* d'Orb., de Chaudon, paraissent caractériser le lias moyen de la sierra Parapanda.

Les calcaires blancs à silex du sinémurien et du liasien se continuent dans les sierras Pelada et de Amiar. La route de Grenade à Jaen les traverse entre la venta de las Navas et Zegri.

### 3. — Lias supérieur.

Le toarcien, sans se montrer partout fossilifère, est certainement celui des étages jurassiques qui peut le plus facilement servir d'horizon en Andalousie. La présence de fossiles dans ses bancs, leur couleur souvent rougeâtre et la nature marneuse des assises en font un niveau caractéristique et permettent de le retrouver dans un grand nombre de points.

*Historique.* — Le lias supérieur avait été cité par M. Gonzalo y Tarin dans le nord de la province de Grenade; le savant ingénieur y a trouvé : *Bel. Bruguieri, Am. variabilis, Am. radians, Am. serpentinus, Am. Normannianus* (Montillana, Campotejar, etc.), *Am. Loscombi, Am. Levesquei* (?). D'après le même auteur, cet horizon se poursuivrait à Montejicar et à la Sagra.

### Description des couches.

C'est au N. E. de Grenade que le toarcien atteint le maximum de son développement. A la sierra Elvira (voir pl. IV), il se compose des assises suivantes :

Substratum : Marno-calcaires avec *Am. algovianus*, *Ter. erbaensis*, etc. ;

1° Calcaires gris très marneux : *Am. bifrons*, *Am. Levisoni*, *Am. radians* ;

2° Calcaire gris-blanchâtre, marneux : *Am. subplanatus*, *Am. Mercati* ;

3° Marnes grises à Ammonites pyriteuses : *Am. Nilsoni*.

Au-dessus affleurent les couches à *Am. Murchisonæ*.

Cette succession s'observe au N. O. d'Atarfe, lorsqu'on gravit la sierra vers le N. O.

Le lias supérieur existe en plusieurs autres points de la sierra Elvira, pincé dans les plis du calcaire à Entroques ; on le retrouve très riche en fossiles le long de la faille qui traverse cette chaîne entre Atarfe et Pinos Puente ; ses bancs sont exploités avec les calcaires du lias moyen entre la sierra et la ligne de chemin de fer, à l'ouest d'Atarfe.

Le toarcien existe également à l'état de couches rouges ammonitifères (*ammonitico rosso*) dans le massif de la sierra Parapanda [1], ainsi que le montrent des échantillons de l'*Am. bifrons* recueillis par de Verneuil et conservés dans sa collection à l'École des mines.

La nature marneuse des assises supraliasiques s'accentue encore dans les collines qui avoisinent Noalejo et Campotejar, sur la route de Grenade à Jaen. Entre la venta de las Brajas et Montillana, où de nombreux filons de roches ophitiques traversent ces couches, les calcaires gris marneux du toarcien renferment :

*Ammonites bifrons* Brug.
———— *crassus* Phil.
———— *Mercati* v. Hauer.

[1] M. Gonzalo y Tarin a recueilli à la sierra Parapanda l'*Am. variabilis*.

Les fossés et tranchées de la grande route permettent encore d'étudier les assises toarciennes entre la venta de las Brajas et Zegri; en deçà de cette dernière localité, on les voit reposer sur de puissantes assises de calcaire blanc à cassure esquilleuse que la route traverse. Après avoir franchi par un col ce massif calcaire, une faille fait reparaître les marno-calcaires toarciens à concrétions ferrugineuses; on y recueille : *Am. bifrons* Brug., *Am. Lilli* v. Hauer, *Am. communis* Sow., *A. mucronatus* d'Orb. La roche est colorée en rouge là où le calcaire domine; en un point on observe des filons d'ophite. En se rapprochant de la venta de las Navas et d'Iznalloz, ces calcaires marneux deviennent plus compacts, les marnes disparaissent bientôt, des silex se montrent dans la roche, et dans le voisinage de la venta apparaissent les calcaires blancs inférieurs, bien reconnaissables et largement développés.

Le lias supérieur existe aussi à la sierra Pelada, près de Montefrio d'où de Verneuil a rapporté :

> *Ammonites bifrons* Brug.
> ——— *Mercati* v. Hauer.
> ——— *crassus* Phil.
> ——— *subnilsoni* Kilian.
> ——— (*Arietites*) sp.

La collection de Verneuil, déposée à l'École des mines, à Paris, contient également l'*Am. bifrons* provenant de Montefrio et de la sierra Elvira. Ces échantillons sont entourés d'une gangue marneuse rouge.

Au pied de la montagne de las Hoyas, dans le vallon du rio Frio, un peu à l'ouest de la grande route de Loja à Malaga, le toarcien est représenté par des dalles rouges fossilifères. Redressées contre les marbres blancs qu'elles surmontent et visibles sur une épaisseur de 12 à 15 mètres, elles renferment dans les parties marneuses :

> *Ammonites bifrons* Brug., abondante.
> ——— *variabilis* d'Orb.
> ——— *Levisoni* Simpson.

A l'est de la station de Salinas, à Villanueva del Rosario et sur le chemin de Villanueva del Trabuco à la station de Salinas, nous avons retrouvé les mêmes assises marneuses rouges au-dessus du liasien à Brachiopodes; mais, dans cette partie, elles sont déjà moins fossilifères (Bélemnites, coupes d'Ammonites indéterminables). A Salinas et au cortijo de los Busques, elles renferment des silex.

Dans le petit massif isolé à l'ouest de Villanueva del Rosario, au-dessus du cortijo de los Busques, nous avons observé en deux points, notamment sur les bords du Guadalhorce, des calcaires très marneux, d'un gris blanchâtre, tout à fait analogues à ceux de la sierra Elvira et renfermant comme eux l'*Ammonites radians;* ils sont en relation avec des calcaires à *Rhynchonella triplicata* du lias moyen.

A l'est et au sud des affleurements que nous venons de mentionner, les caractères distinctifs des couches toarciennes deviennent de moins en moins nets, les fossiles semblent disparaître, et elles se fondent dans un même ensemble avec les couches plus anciennes ou même aussi avec celles qui les surmontent.

Pourtant, dans la chaîne du Torcal, au sud d'Antequera, au-dessous de la casa de los Picapadreros, des bancs de calcaires rouges en dalles, avec Ammonites et Bélemnites indéterminables, pourraient encore appartenir au même niveau toarcien. Ils vont se terminer en biseau au milieu d'un massif d'oolithes blanches très consistant. Nous avons vu de plus, dans la collection de M. Domingo de Orueta, à Malaga, un fragment d'*Harpoceras* provenant du nord de la province de Malaga et qui est probablement toarcien.

Mais, dans la coupe des tranchées de Gobantes et d'El Chorro (chemin de fer de Malaga, tunnel n° 9), on peut suivre toute la série des assises jurassiques entre le trias et le tithonique, sans y voir les dalles rouges ni aucun fossile toarcien; de même entre Alfarnatejo et Alfarnate. Plus au nord, entre Carcabuey et Cabra, M. Kilian a fait une remarque analogue. Enfin, dans les lambeaux jurassiques du littoral près de Malaga, le lias ne s'est pas déposé,

6

ou il est confondu avec le reste du jurassique dans un ensemble uniforme et peu épais de calcaires compacts [1].

Pour le lias moyen et inférieur, la même remarque est applicable. Dans la tranchée d'El Chorro où, comme nous l'avons dit, le facies marneux rouge n'existe plus, on trouve encore le facies corallien sous forme de calcaires grumeleux, jaunâtres, à Natices et Nérinées, directement superposés à l'infralias, et d'oolithes cannabines blanches se reliant à des calcaires compacts; mais ce n'est là en tout cas qu'un représentant rudimentaire du lias inférieur de Grenade. On peut en dire autant des calcaires à Entroques et des calcaires blancs de la coupe de Carcabuey.

Ainsi il règne dans notre région une zone orientée du S. O. au N. E., à peu près parallèlement à l'axe de la chaine bétique, où les conditions de dépôt du lias ont été spéciales, où il se montre plus puissant avec des assises plus fossilifères et mieux différenciées. Cette zone s'élargit au N. E., et, en même temps, la puissance des couches, la proportion des horizons marneux et fossilifères s'y accroît notablement; elle s'amincit, au contraire, au S. O. Elle se trouve en fait assez bien représentée sur notre carte par la série d'affleurements liasiques qui va du nord de Grenade au sud d'Antequera. Au N. O. et au sud de cette zone, les calcaires que, par analogie, on peut attribuer au lias, sont très réduits et très peu fossilifères. Là encore, comme pour le trias, on trouve donc un lien indéniable entre les anciennes zones de sédimentation et les zones montagneuses actuelles.

*Résumé.* — En résumé, les étages sinémurien et liasien sont représentés dans l'Andalousie méridionale par une série puissante de calcaires blancs très compacts, sillonnés de veines spathiques. Ces couches sont souvent coralligènes et renferment d'autres fois des rognons de silex en grande abondance. Les fossiles bien con-

---

[1] Ce sont probablement ces couches dont parle M. O. Fraas lorsqu'il indique dans la province de Malaga « du jura noir de couleur blanche » (Schwartzer Jura der weiss aussieht).

servés y sont rares et appartiennent presque exclusivement aux Brachiopodes. Les Céphalopodes sont des formes alpines des couches
d'Hierlatz et d'Adneth.

Trois horizons fossilifères ont été reconnus par nous; ils se succèdent dans l'ordre suivant, de bas en haut :

1° Horizon des Baños de Alhama : *Phylloceras cylindricum, Arietites ceras, Ar.* cf. *spiratissimus.* Couches de la sierra de Hachuelo
à *Belemnites* et *Arietites* cf. *Kridion;*

2° Niveau coralligène (zone de *Pygope Aspasia*) de Salinas et
Villanueva del Rosario : *Arietites* cf. *multicostatus, Pygope Aspasia,*
*Spiriferina rostrata, Rhynchonella Dalmasi, Rh. bidens,* etc.;

3° Horizon d'Atarfe à *Harpoceras algovianum* et *Pygope erbaensis.*

Le toarcien, caractérisé par des Ammonites du groupe de *Hild.
bifrons* et *Levisoni* ne nous a montré plusieurs subdivisions qu'à
la sierra Elvira (voir *ante*).

**Liste des espèces recueillies dans le lias.**

1° COUCHES DES BAÑOS DE ALHAMA ET FACIES À BRACHIOPODES.

**Belemnites** sp. Salinas. Sierra de Hachuelo près Montefrio. (Abondant.)
**Phylloceras cylindricum** Sow. sp. Baños de Alhama. (Assez commun.)
**Arietites ceras** Gieb. Baños de Alhama.
——— voisin d'**A. Kridion** Hehl. Sierra de Hachuelo.
——— cf. **multicostatus** v. Hauer (*non* Sow.). Salinas.
——— cf. **spiratissimus** (Quenst.) v. Hauer. Baños de Alhama.
**Ammonites** indéterminables. Sierra Elvira.
**Natica** sp. Tranchées du chemin de fer près d'El Chorro. (Très abondant.)
**Nerinea** sp. Même provenance. (Commun.)
**Semipecten (Hinnites) velatus** d'Orb. sp. Villanueva del Rosario.
**Pecten (Amusium) Stoliczkai** Gemm. Salinas.
**Spiriferina rostrata** Schl. sp. Salinas. (Assez commun.)
**Zeilleria Partschi** Opp. sp. Salinas.
——— cf. **Andleri** Opp. sp. Salinas. (Assez commun.)
**Pygope Aspasia** Menegh. var. **major** Zitt. Salinas.
**Rhynchonella Dalmasi** Dum. Salinas. (Commun.)

6.

Rhynchonella bidens Phil. Villanueva del Rosario.
—— Bouchardi Dav. Même provenance.
—— triplicata Qu. Salinas. Los Busques.
—— serrata Sow. Salinas.
—— furcillata de Buch. Sierra Parapanda.
Pentacrinus sp. Partout.
Phyllocrinus cf. alpinus d'Orb. Sierra Parapanda. (Assez commun.)

2° COUCHES À *AM. ALGOVIANUS.*

Belemnites sp. Sierra Elvira.
Lytoceras sp. Sierra Elvira.
Rhacophyllites lariensis Menegh. sp. Sierra Elvira.
Arietites ceras Giebel. sp. Sierra Elvira.
Harpoceras algovianum Opp. sp. Sierra Elvira. (Très commun.)
—— Bertrandi Kilian. Sierra Elvira. (Assez commun.)
Pygope erbaensis Suess. Sierra Elvira.

3° LIAS SUPÉRIEUR.

Belemnites sp. Salinas. Noalejo.
Phylloceras sp. Sierra Elvira.
—— Nilsoni Hébert. sp. Sierra Elvira.
—— subnilsoni Kilian. Montefrio (coll. de Verneuil).
—— sp. Zegri.
Harpoceras radians Rein. sp. Sierra Elvira.
—— sp. Sierra Elvira.
Hildoceras Levisoni Simpson sp. Sierra Elvira, las Hoyas. (Commun.)
—— Bayani Dum. sp. Sierra Elvira.
—— sp. Los Busques, Sierra Elvira.
Hildoceras Mercati v. Hauer sp. Sierra Elvira, Montillana.
—— bifrons Brug. sp. Sierra Elvira, Montillana. (Commun.)
Hammatoceras insigne Schübl. sp. Las Hoyas, sp. Zegri.
Lioceras bicarinatum Qu. sp. Sierra Elvira.
—— subplanatum Opp. sp. Sierra Elvira. (Assez commun.)
Arietites (Lillia) Lilli v. Hauer. sp. Zegri.
Coeloceras mucronatum d'Orb. sp. Zegri.
—— commune Sow. sp. Zegri.
—— crassum Phil. sp. Montillana, Zegri.

### 4. — Dogger.

Au-dessus des couches précédentes, se trouve ordinairement un système de calcaires plus ou moins bien lités et très pauvres en fossiles. Ce n'est qu'avec les couches à *Am. acanthicus* du Torcal qu'apparaissent de nouveau des restes organisés déterminables. Aussi avons-nous été contraints de comprendre sous la dénomination un peu vague de dogger toutes les assises comprises entre ces deux zones.

Le bajocien est bien caractérisé à la sierra Elvira, où il est facile de le reconnaître au N. E. du village d'Atarfe, au-dessus des assises du lias supérieur, déjà mentionnées comme assez riches en fossiles. En gravissant les pentes de la sierra vers le N. E., on voit, au-dessus des couches marno-calcaires à *Am. radians, Am. subplanatus* et *Am. Levisoni*, affleurer des bancs peu épais d'un calcaire marneux gris-brunâtre assez dur, contenant des exemplaires de l'*Am. Murchisonæ*. Cette assise mesure 5 à 6 mètres; des calcaires en dalles, compacts et d'une teinte grisâtre, la surmontent. Nous y avons recueilli de nombreux silex bruns et rougeâtres. Les Ammonites mal conservées n'y sont pas très rares; M. Munier-Chalmas a reconnu l'*Am. Humphriesi* dans un fragment trouvé à la partie inférieure de ces couches. Les assises supérieures de ce groupe de bancs calcaires, qui peut avoir 16 à 20 mètres de puissance, sont recouvertes par des dolomies, puis par un massif de calcaire blanc, en partie bréchoïde et surmonté lui-même par le néocomien.

Au N. E. de la sierra Elvira, vers les limites des provinces de Grenade et de Jaen, nous avons recueilli au sommet des calcaires marneux de Montillana l'*Ammonites (Ludwigia) Murchisonæ* en échantillons typiques.

Enfin nous avons à signaler un troisième gisement de fossiles bajociens au-dessus de l'affleurement ancien du vallon du rio Frio, au pied de las Hoyas, à l'ouest de la route de Loja à Malaga (voir plus haut). La coupe, en ce point, est la suivante, de haut en bas :

1° Dalles rougeâtres à *Posidonomya alpina*[1] et *Harpoceras* sp. (pourrait être le *Harp. Murchisonæ*) mal conservé;

2° Calcaire rouge marneux avec *Am.* (*Hildoceras*) *bifrons* et *Am.* (*Hildoceras*) *Levisoni;*

3° Calcaire marbre blanc constituant la montagne de las Hoyas.

Fig. 4. — Coupe relevée au pied oriental de la montagne de las Hoyas, près de Loja.

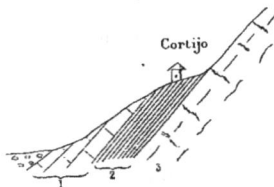

1. Dogger. — 2. Lias supérieur. — 3. Calcaire blanc.

En dehors de ces trois points, nous n'avons pas recueilli de fossiles déterminables appartenant à l'étage bajocien. Mais nous avons, dans plusieurs coupes, reconnu la présence de dalles calcaires très analogues à celles qui renferment, à la sierra Elvira, l'*Ammonites Humphriesi.* Elles sont surtout développées au S. E. de la bande liasique précitée, et leur position stratigraphique permet partout de les rapporter au dogger. Leur plus grand développement se

[1] La découverte de *Posidonomya alpina* en Andalousie vient encore accentuer le caractère alpin des assises jurassiques de la région bétique. On sait en effet, notamment d'après les travaux d'Oppel (*Ueber das Vorkommen von jurassischen Posidonomyen-Gesteinen in den Alpen*, Zeitschrift der deutschen geologischen Gesellschaft, 1862), que le *Posid. alpina* caractérise les couches dites de Klaus (Klausschichten, v. Hauér), qui, aux environs de Hallstatt, à Brentonico (Tyrol), dans les Alpes suisses, en Sicile (d'après Gemmellaro) et jusqu'aux Portes de fer (Swinitza), représentent le dogger supérieur (bajocien supérieur et bathonien). D'après M. de Tribolet, le *Posid. alpina* se rencontrerait associé avec *Am. Murchisonæ* à Iselten (Alpes bernoises). Cette espèce se rencontre en outre dans le bajocien de Bayeux, où elle est rare et, par myriades, dans l'oolithe inférieure des environs de Saint-Geniez (Basses-Alpes).

trouve à Alfarnate; on peut les observer facilement, sur le chemin qui va de la venta au village, formant un ilot au milieu du petit bassin nummulitique. Ces couches sont là manifestement superposées à des calcaires blancs compacts, qui recouvrent eux-mêmes des marnes rouges triasiques et doivent par conséquent représenter le lias. Elles sont pétries de débris d'Oursins et d'Encrines; leur prolongation sur la grande route de Malaga nous a fourni quelques Pentacrines et des Rhynchonelles indéterminables.

On les retrouve, avec le même caractère de calcaires grisâtres, compacts et bien lités, à gauche et à droite du chemin qui va de la venta de Zaff raya à Alhama. Nous y avons recueilli des radioles incomplets de *Rhabdocidaris* et des débris de *Cidaris,* avec des fragments de Crinoïdes. Elles sont là surmontées par des dolomies; mais, entre elles et les terrains anciens de la sierra Tejeda, le lias, soit par faille, soit par transgressivité, semble presque complètement faire défaut. Nous mentionnerons encore ces mêmes bancs en dalles à l'ouest de Loja, dans un ravin à gauche de la route de Malaga, et sur le versant nord du peñon de los Enamorados. Nous n'y avons trouvé que des débris informes de coquilles. A Loja, quelques petits lits de marnes feuilletées s'y intercalent.

Si imparfaitement que soit encore caractérisé ce niveau, il semble assez constant dans une partie de la région et pourra peut-être fournir un point de repère utile à des études ultérieures. Il est, en général, surmonté par une grande masse de calcaires blancs, compacts et moins bien stratifiés, qui représentent le malm. Au S. O., ce facies blanc compact s'étend à tout le jurassique jusqu'au tithonique; il est donc important de citer encore la chaîne du Torcal, qui occupe au sud d'Antequera une position intermédiaire et montre le passage entre les deux facies. Au-dessous de la casita de los Picapadreros, on trouve, ainsi que nous l'avons dit, des calcaires blancs compacts, avec *Aptychus,* Pentacrines et Polypiers, que nous rapportons au lias moyen, puis des dalles rouges à Ammonites, équivalent de l'*ammonitico rosso* (lias supérieur); plus haut, des calcaires gris compacts, bien

lités, analogues à notre dogger, surmontent un nouveau massif de
couches blanches et oolithiques; enfin une série de calcaires grumeleux et bréchiformes à *Ammonites acanthicus* termine la série.
L'intérêt particulier de cette coupe, dont une plus longue étude
permettrait sans doute de définir avec plus de précision les différents niveaux, c'est qu'on peut voir à peu de distance toutes ces
couches se terminer en biseau et se fondre dans un massif oolithique unique. On s'explique bien ainsi comment, un peu plus
à l'ouest, dans la coupe déjà citée du tunnel d'El Chorro, on ne
trouve entre le lias à Nérinées et le tithonique qu'un massif
unique de calcaires blancs, sans qu'il y ait lieu pour cela de re-
courir à des lacunes et à des émersions successives.

Il est bien curieux de trouver au sud de ce point, c'est-à-dire
dans la région où l'on devrait s'attendre, par continuité, à trouver
les assises de moins en moins différenciées, un affleurement de
bathonien fossilifère. Le fait est d'autant plus remarquable que
les gisements bathoniens sont particulièrement rares dans toutes
les régions alpines dont la nôtre semble le plus se rapprocher.

C'est sur la voie de Bobadilla à Malaga, dans la tranchée de
sortie du tunnel n° 11, un peu avant la station d'El Chorro, que
nous avons recueilli ces fossiles bathoniens. Ce sont:

> *Heligmus polytypus* Desl.
> *Terebratula circumdata* Desl.
> *Rhynchonella* cf. *varians* Schl. (Abondante.)

Ils sont engagés dans des calcaires compacts, jaunâtres, à
taches bleues, entremêlés irrégulièrement de filets de marnes d'un
gris verdâtre. Ces calcaires présentent en certains points une structure bréchoïde très spéciale, ils forment un grand escarpement
contre lequel s'appuient les dépôts nummulitiques. La présence de
l'*Heligmus polytypus*, cette coquille si caractéristique du bathonien
de la Normandie et de la Provence, ne permet de conserver aucun doute sur l'âge bathonien des couches en question.

Il n'est pas vraisemblable que ce gisement bathonien soit unique dans la région. Il faut espérer que de nouvelles recherches permettront de constater d'autres fossiles du même étage au sommet des calcaires bien lités, attribués plus haut d'une manière générale au dogger.

*Résumé.* — Malgré la grande rareté des restes organisés, on peut distinguer en Andalousie dans le jurassique moyen :

1° Des couches à *Harp. Murchisonæ* et des bancs à *Steph. Humphriesi* représentant le bajocien. Les premières renferment, comme dans les Alpes, *Posidonomya alpina;*

2° Des bancs à *Rhynchonella* cf. *varians, Heligmus polytypus, Terebratula circumdata* Desl. (horizon d'El Chorro) qui sont à rapporter au bathonien.

**Liste des espèces recueillies dans le dogger.**

1° BAJOCIEN.

**Harpoceras (Ludwigia) Murchisonæ** Sow. sp. Sierra Elvira, Montillana.
**Harpoceras (Ludwigia) sp.** Las Hoyas.
**Stephanoceras Humphriesi** Sow. Sierra Elvira.
**Posidonomya alpina** Gras. Las Hoyas. (2 exemplaires.)

2° BATHONIEN.

**Belemnites sp.** Tranchée du chemin de fer près d'El Chorro.
**Heligmus polytypus** Desl. Même gisement.
**Terebratula circumdata** Desl. Même gisement.
**Rhynchonella cf. varians** Schl. Même gisement. (Abondant.)
**Rhynchonella sp.** Même gisement.

## 5. — Jurassique supérieur (malm) [1].

Les assises comprises entre le dogger et les couches à *Pygope diphya* occupent en Andalousie de vastes surfaces et entrent cer-

[1] « Weisser Jura der roth aussieht » (O. Fraas).

7

tainement pour une grande partie dans la constitution des sierras calcaires que nous avons signalées. Malgré ce grand développement, il est malheureusement fort malaisé de découvrir, dans ces puissants massifs de calcaires blancs, des bancs qui puissent fournir quelques fossiles et donner au stratigraphe des renseignements précis sur le niveau exact des différentes assises.

Ce n'est qu'en un seul point, au Torcal, près d'Antequera, que nous avons eu la bonne fortune de recueillir une série de Céphalopodes en assez bon état pour être déterminés et nous révéler l'existence de l'horizon à *Am. acanthicus* dans les chaines subbétiques. Les calcaires bréchoïdes et rosés du tithonique passent à leur partie inférieure à des bancs grisâtres également bréchoïdes qui constituent au sommet du Torcal Alto une suite d'entablements fort curieux. Ces roches, altérées par les érosions, ont donné lieu à un dédale d'un aspect très pittoresque; on peut errer des heures entières dans ce chaos fantastique, bien connu des touristes qui fréquentent le pays, et ce n'est pas sans profit que le géologue visitera ce plateau étrange, remarquable exemple de la puissance des agents atmosphériques qui ont en quelque sorte sculpté là des assises de marbre d'une assez grande dureté.

Les calcaires grisâtres[1] régulièrement stratifiés du Torcal Alto renferment, surtout dans leurs parties grumeleuses, de nombreuses Ammonites; nous y avons récolté les espèces suivantes :

Belemnites (*Hibolites*) sp.
Ammonites (*Phylloceras*) aff. *saxonicus* Neum.
—— (*Phylloceras*) sp.
—— (*Haploceras*) cf. *Fialar* Opp.
—— (*Rhacophyllites*) *Loryi* M.-Ch.
·—— (*Perisphinctes*) *Navillei* Favre. (*regalmiciensis* Gemm.)
—— (*Perisphinctes*) *Airoldii* Gemm.
—— (*Simoceras*) *torcalensis* Kilian.
—— (*Simoceras*) *agrigentinus* Gemm.

[1] C'est sans doute du Torcal que veulent parler de Verneuil et Collomb, lorsqu'ils citent (1857) aux environs d'Antequera un gisement d'Ammonites jurassiques.

*Ammonites (Aspidoceras) hominalis* E. Favre.
—— *(Aspidoceras)* sp.
—— *(Oppelia)* sp.

.Vers la base [1], on voit très nettement les bancs à *Ammonites Loryi*, etc., passer latéralement à une couche blanche bien cimentée qui forme de grandes lentilles dans le reste de la sierra Torcal. Au-dessous, on rencontre vers la casita de los Picapadreros des calcaires bien lités suivis de nouveaux massifs oolithiques que nous attribuons, sous toutes réserves, au dogger.

La collection de Verneuil nous a fourni trois Ammonites du Torcal : une forme du groupe des *Perisphinctes*, très mal conservée, une autre qui peut se rapporter à l'*Am. compsus* et un joli échantillon de l'*Am. Fouquei* (voir plus bas). M. Linera mentionne le Torcal en le qualifiant de « un verdadero laberinto de Creta »; on trouve au Camorro, dit-il, un calcaire à Ammonites et à Térébratules qui sert à faire des plaques de marbre pour les tables. M. de Orueta (1872) signale au pied du Torcal un grès dans lequel, d'après lui, se rencontreraient en abondance les *Gryphæa virgula* et *Ostrea deltoidea*. Ce grès supporterait le tithonique à *Ter. diphya*. Il ne nous a pas été possible de retrouver cette assise, dont l'existence nous paraît fort douteuse en cet endroit. L'indication de M. de Orueta doit être basée sur une erreur de détermination.

Ce même géologue nous a montré, à Malaga, plusieurs exemplaires de l'*Ammonites (Aspidoceras) perarmatus,* qui proviennent du Torcal Alto.

Le labyrinthe du Torcal a fait l'objet, dans le *Quarterly Journal,*

---

[1] Dans les Basses-Alpes, près de Saint-Geniez, le tithonique à *Ter. janitor* repose sur des calcaires bréchoïdes analogues à ceux du Torcal Alto et renfermant une faune très voisine. Au-dessous, apparaissent les couches à *Am. polyplocus.* Notons également que la faune du Torcal Alto est la même que celle que M. E. Favre a signalée aux Voirons et dans les Alpes fribourgeoises (zone de l'*Am. acanthicus*); c'est également celle qui caractérise les couches immédiatement inférieures au tithonique en Sicile et en Italie (Gemmellaro).

7.

de la part de M. de Orueta, d'une description détaillée, plus topographique que géologique. L'auteur figure trois Ammonites jurassiques recueillies dans cette chaine et appartenant au malm. Ces coquilles ont été déterminées par M. Etheridge, qui a cru y reconnaitre :

> Ammonites *Achilles* (fig. 1).
> ——— *transversarius* (fig. 2).
> ——— *perarmatus* var. *catena* d'Orb. (fig. 3).

Dans une discussion qui suivit la présentation de cet article à la Société géologique de Londres, M. Blake émit l'opinion que ces Ammonites se rapportaient à des espèces crétacées.

Il résulte de nos déterminations que la figure 1 se rapporte à l'*Am. agrigentinus* Favre (non Gemm.) des couches à *Am. acanthicus* du Torcal Alto. Nous avons recueilli au Torcal un exemplaire de cette espèce, que nous distinguons de celle de Gemmellaro sous le nom de *Simoceras torcalense* nov. sp. Nous attribuons la figure 2 à une forme souvent rapportée à l'*Am. transversarius* Quenst. (*Toucasianus*) d'Orb. et figurée sous ce nom par Gemmellaro (*Sobra alcune faune giurese e liasiche*; pl. XIII, fig. 1, 2, et pl. XXI, fig. 16). Elle se distingue de l'*Am. transversarius* par des côtes moins nombreuses et plus droites. Nous proposons de lui donner le nom de *Peltoceras Fouquei* nov. sp. (Kilian). Enfin, l'Ammonite représentée par la figure 3 n'est pas l'*Am. perarmatus*; elle se rapproche de l'*Am.* (*Aspidoceras*) *dornacensis* Favre.

Auprès du Torcal, et le long de la route d'Antequera à Malaga (villa Carretera), nous avons recueilli dans un calcaire rose, bréchoïde, un Polypier de grande taille. M. Koby, auquel nous l'avons communiqué, nous dit que l'échantillon, tout à fait déterminable, est bien certainement le *Calamophyllia flabellum* Blainv., qui caractérise, dans le Jura bernois, l'épicorallien et l'astartien.

Nous n'avons pu consacrer qu'une journée à l'étude du Torcal; il serait bien important d'y retrouver et d'y préciser la position des assises où M. D. de Orueta a recueilli un échantillon d'*Ammonites perarmatus,* qui figure dans sa collection. Il n'est pas étonnant que dans une course unique elles nous aient échappé, et même que nous ayons pu traverser la série complète du massif sans passer auprès d'elles. En effet, comme nous l'avons déjà fait remarquer pour le lias et le dogger de la même localité, toutes les couches grumeleuses et bien litées du massif sont lenticulaires; on voit ainsi, au milieu des bancs réguliers à Ammonites, surgir brusquement, comme des récifs, des masses oolithiques et compactes à stratification confuse. Quelquefois les bancs plus marneux vont s'y terminer en biseau; d'autres fois il y a passage latéral insensible, les bancs augmentant peu à peu de compacité et se chargeant d'Encrines au voisinage du récif.

Fig. 5. — Coupe dans la chaîne, au sud de la villa Carretera, près Antequera.

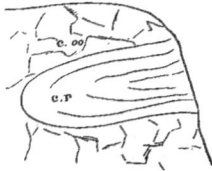

c. oo. Calcaire oolithique.
c. r. Calcaire marneux se terminant en biseau.

La chaîne du Torcal est la seule où nous ayons constaté ces intercalations ammonitifères dans le malm. Partout ailleurs, il est représenté par des calcaires blancs compacts, à peu près sans fossiles, parfois oolithiques et souvent difficiles à distinguer de ceux du lias moyen. C'est dans la sierra de las Cabras, au sud de Loja, qu'ils acquièrent leur plus grand développement. Ils forment uniformément toute la chaîne, en dehors de l'axe de quelques plis anticlinaux et synclinaux qui laissent apparaître les calcaires bien lités du dogger, ou le tithonique avec le néocomien [1]. Leur

[1] M. Gonzalo y Tarin mentionne dans ce massif jurassique, au sud de Loja, un calcaire à grains de quartz, que nous n'avons pu découvrir.

épaisseur ne peut y être évaluée à moins de deux ou trois cents mètres.

Plus au sud, dans la sierra de Zaffaraya, leur épaisseur est moindre, ou du moins il s'y intercale des assises puissantes de 'dolomies. On y rencontre çà et là quelques Rhynchonelles mal conservées. Ces calcaires blancs prennent parfois une apparence coralligène bien accentuée; au-dessus du cortijo de Guaro, ils contiennent des Polypiers et des Nérinées en mauvais état; à Zaffaraya, quelques coupes de Gastéropodes; entre Villanueva del Rosario et Alfarnate, nous y avons trouvé des Polypiers et des Échinides. Ils sont oolithiques près de Montefrio, sur le chemin de Loja. Leur partie supérieure est tantôt recouverte par le tithonique, tantôt par le néocomien. Nous ne croyons pas que ce soit là le résultat d'une transgressivité, mais bien de passages latéraux ou de glissement des assises marneuses. En tout cas, près du cortijo de Carrion, au S.O. de Zaffaraya, nous avons extrait un radiole d'*Hemicidaris crenularis* de bancs compacts dont on voit la partie supérieure passer latéralement au tithonique.

Nous ajouterons que nous avons trouvé dans la collection de Verneuil un échantillon de l'*Ammonites bimammatus*, indiqué comme provenant des environs de Cabra. La gangue qui l'entoure est rouge. Il y a là une indication précieuse pour de nouvelles recherches. M. Kilian n'a eu l'occasion de voir dans cette localité que des calcaires oolithiques blancs surmontés par le tithonique.

*Résumé.* — Les couches comprises entre l'horizon à *Am. Humphriesi*, ou même entre le lias supérieur et les assises à *Am. transitorius* et à faune tithonique (klippenkalk), sont très pauvres en fossiles. Elles se confondent en une succession de calcaires blancs très durs, présentant çà et là (Torcal, Cabra, Baños de Vilo) des accidents coralligènes [1].

[1] Hausmann, dont les observations ont le cachet d'une grande exactitude, avait remarqué déjà ces assises particulières et en avait deviné la nature. C'est avec une grande sagacité que, dès 1842, il attribuait l'aspect particulier des

Les fossiles recueillis en un point permettent d'affirmer que la partie supérieure de cet ensemble d'assises correspond au niveau de l'*Am. acanthicus* (zone à *Am. tenuilobatus* et *polyplocus*). Les calcaires blancs sont, aux environs de Zaffaraya, intimement liés aux assises tithoniques [1], et la présence dans leurs bancs d'un radiole qui, d'après M. Cotteau, appartient très probablement à l'*Hemicidaris crenularis*, nous rappelle les calcaires de Stramberg, de Rougon et d'Inwald.

De plus, la présence en Andalousie de deux horizons fossilifères inférieurs, ceux de l'*Am. perarmatus* et de l'*Am. bimammatus*, résulterait de l'étude des échantillons conservés dans la collection de M. de Orueta, à Malaga, et dans la collection de Verneuil, à l'École des mines [1].

### Liste des fossiles recueillis dans le jurassique supérieur.

Belemnites (Hibolites) sp. Torcal Alto.
Aptychus, du groupe de punctatus Voltz. Col de Zaffaraya.
—— lamelleux. Illora.
Phylloceras cf. saxonicum Neumayr. Torcal Alto.
Phylloceras sp. Torcal Alto.
Rhacophyllites Loryi Mun.-Ch. sp. Torcal Alto.
Haploceras cf. Fialar Oppel sp. Torcal Alto.
Haploceras sp. Torcal Alto.
Perisphinctes Navillei Favre (= regalmiciensis Gemm.) Torcal Alto.
—— Airoldii Gemm. Torcal Alto.
Perisphinctes sp. Casita de los Picapadreros.
Simoceras torcalense Kilian. Casita de los Picapadreros.
Simoceras sp. voisin de contortum Neum. Casita de los Picapadreros.
—— cf. agrigentinum Gemm. Cabra. (Coll. de Verneuil.)
Oppelia compsa. Torcal. (Coll. de Verneuil.)
—— Holbeini Opp. sp. Cabra. (Coll. de Verneuil.)

sierras calcaires qui occupent la limite des provinces de Grenade et de Jaen à la nature *coralligène* (*corallische* Gruppe des Jura) de ces roches, qu'il semble rapporter au terrain jurassique.

[1] D'après M. Macpherson, le jurassique de la province de Cadix aurait une composition presque identique à celle que nous indiquons ici.

**Aspidoceras hominale** E. Favre. Espèce voisine de *Asp. acanthicum*.
Torcal Alto.

**Aspidoceras sp.** Torcal Alto.

**Oppelia sp.** Torcal Alto.

**Peltoceras Fouquei** Kilian. Torcal Alto. (Coll. de Verneuil.)
(= *P. transversarium* Gemm. pro parte.)

———— **bimammatum** Quenst. sp. Cabra. (Coll. de Verneuil.)

**Nérinées.** En coupes dans beaucoup de points.

**Rhynchonella sp.** Col de Guaro (sierra de Zaffaraya).

**Hemicidaris crenularis** Lam. Col de Guaro.

M. Mallada (*Synopsis*, etc.; Boletin XI, 1884) cite en outre :

**Belemnites hastatus** Blainv., de Loja et d'Alhama.

### 6. — Tithonique.

COUCHES À *PERISPHINCTES TRANSITORIUS* ET *PYGOPE DIPHYA.*

*Historique.* — Nous arrivons à un étage connu et cité depuis longtemps en Andalousie; les assises fossilifères du tithonique peuvent être regardées à juste titre comme l'horizon le plus constant et le plus riche en restes organisés des terrains secondaires dans la contrée qui nous occupe. On peut dire que les calcaires à *Pygope diphya* et *Am. transitorius* n'ont échappé à aucun des géologues qui ont visité la région.

De Verneuil, en particulier, a réuni une belle série de fossiles dans ce terrain. Dans la deuxième édition de sa carte de l'Espagne, il a distingué, à la suite d'un voyage fait avec M. E. Favre, le tithonique à Cabra, à Illora et près d'Antequera. Dans la notice qui accompagne cette carte, il cite dans le tithonique à *T. diphya* de Cabra : *Aptychus latus, A. lamellosus, Ammonites ptychoicus, Am. silesiacus, Am. Calisto, Am.* cf. *plicatilis*. M. de Orueta a essayé, sur sa carte de la partie septentrionale de la province de Malaga, de séparer le tithonique du jurassique proprement dit. On doit savoir gré au géologue de Malaga d'avoir tenté cette distinction fort difficile à établir sur le terrain. Nous ferons seulement remarquer que son étage tithonique, tel que sa carte le limite, englobe une partie des lambeaux crétacés de la région.

M. Mallada signale, comme présentant de beaux affleurements de tithonique : cerro de las Monjas (au S. S. E. de Loja), Carca-buey, Priego, sierra de las Cabras, gordo de Santa Lucia, sierra de Marchamonas, environs d'Antequera. Quelques-uns de ces affleurements ont été étudiés par M. Mallada. Enfin le même auteur a fait figurer dans le *Synopsis* un nombre considérable de types empruntés au tithonique d'Andalousie.

### Description des couches.

Les calcaires tithoniques sont généralement durs et compacts, à structure bréchoïde, marmoréens ; ils sont souvent colorés en rouge par de l'oxyde de fer. Par la nature spéciale de la roche et la conservation des restes organisés, ils rappellent exactement les assises du même horizon qu'on rencontre aux Baléares, en Provence, dans les Alpes françaises et autrichiennes, aux Sette Communi, dans les Carpathes, les Apennins, la Sicile et l'Algérie. La ressemblance des calcaires tithoniques de Loja avec ceux des Baléares et des Sette Communi (Italie), par exemple, est telle que, sans les indications de provenance, il serait impossible d'en distinguer des échantillons pris au hasard.

Dans notre champ d'exploration, c'est sans contredit à Loja que ces couches peuvent être le mieux étudiées, près des sources du Manzanil (Monachil de certaines cartes), au cerro de las Monjas, à trois kilomètres de la ville. Si l'on suit la grande route de Loja à Grenade et que, près du cimetière, on prenne à droite le sentier qui, à travers la sierra de las Cabras, se dirige vers Zaffaraya, l'on ne tarde pas à quitter les cailloutis tortoniens qui forment le sous-sol du cimetière pour longer le bord de la sierra jurassique. On aperçoit d'abord (voir la coupe figure 7) de gros bancs de calcaires blancs compacts à cassure esquilleuse. En suivant le ruisseau, l'on voit bientôt que ces calcaires recouvrent des dolo-

8

mies blanches très puissantes. Ces dolomies forment une voûte dont l'axe est constitué par des bancs de calcaire marneux. En remontant vers la source, on coupe la retombée méridionale de la voûte, qui est assez brusque; au delà de la Papeterie et près de la source, les couches deviennent presque verticales (voir fig. 7), et aux calcaires blancs succèdent des assises marneuses grises à *Am.* (*Phyll.*) *infundibulum* pincées en éventail. Ces marno-calcaires affleurent dans les champs, sur la rive droite du cours d'eau; les blocs, épars et faciles à briser, nous ont fourni *Am.* (*Holcostephanus*) *Astieri* et d'autres espèces néocomiennes. Les assises à *Am. infundibulum* et *Astieri* reposent de la manière la plus nette, en concordance et sans intermédiaire, sur les calcaires tithoniques exploités comme pierre de taille dans une carrière située à la source même du Monachil. Le contact du tithonique et du néocomien s'observe dans la carrière, à gauche de la source. Les calcaires tithoniques sont blancs, rosés, bréchoïdes, se débitant en dalles. Certains bancs sont fortement tachés de rouge et séparés par de minces délits marneux à structure rognonneuse; ces petites couches sont parfois couleur lie de vin très prononcée.

On récolte abondamment :

> *Aptychus Beyrichi* Opp.
> ―― *punctatus* Vollz.
> *Am.* (*Lytoceras*) *quadrisulcatus* d'Orb.
> *Am.* (――) *municipalis* Opp.
> *Am.* (*Phylloceras*) *ptychoicus* Qu.
> *Am.* (――) *silesiacus* Opp.
> *Am.* (*Perisphinctes*) *transitorius* Opp.
> ―― (――) *rectefurcatus* Zitt.
> ―― (――) *geron* Zitt.
> ―― (*Hoplites*) cf. *privasensis* Pictet, etc.

à côté d'un grand nombre d'autres espèces dont on trouvera la liste à la fin de ce chapitre. Nous avons trouvé dans les bancs rouges plusieurs échantillons de *Pygope diphya* et *P. triangulus.* Un banc de calcaire blanc s'est montré particulièrement riche en *Am.*

(*Holcostephanus*) *Grotei* Opp., *Am.* (*Aspidoceras*) *longispinus* Sow. sp., *Am.* (*Hoplites*) *Vasseuri* Kilian, *Am.* (*Hoplites*) *Malbosi* Pictet.

En suivant le chemin qui conduit à Zaffaraya, on voit en plusieurs points les calcaires tithoniques très fossilifères, avec *Am. ptychoicus, Am. elimatus, Am. transitorius*, etc., former des éminences au milieu des couches marneuses néocomiennes qui les entourent. Il en résulte des apparences de discordance entre ces deux systèmes.

Fig. 6. — Plan du gisement fossilifère de Loja.

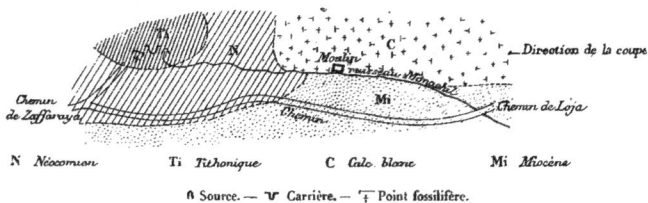

N *Néocomien.*     Ti *Tithonique*     C *Calc. blanc.*     Mi *Miocène*

Ω Source. — ϒ Carrière. — ⊤ Point fossilifère.

Fig. 7. — Coupe au S. E. du cimetière de Loja.

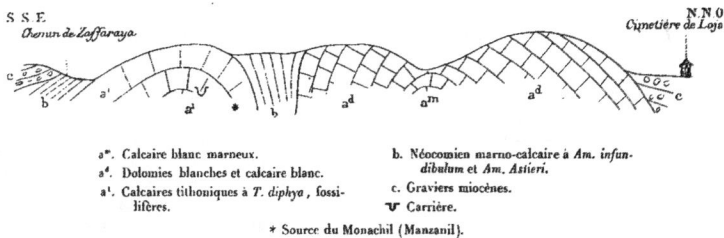

a″. Calcaire blanc marneux.

a⁴. Dolomies blanches et calcaire blanc.

a¹. Calcaires tithoniques à *T. diphya*, fossilifères.

b. Néocomien marno-calcaire à *Am. infundibulum* et *Am. Astieri*.

c. Graviers miocènes.

ϒ Carrière.

\* Source du Monachil (Manzanil).

Le tithonique reparaît dans plusieurs synclinaux du massif jurassique qui atteint, au sud de Loja (sierra de las Cabras), l'altitude de 1,644 mètres.

8.

M. Gonzalo y Tarin [1] a signalé dans les sierras de las Cabras et gordo de Santa Lucia :

*Am. ptychoicus.*
———— *isotypus.*
———— *arduennensis.*
———— *silesiacus.*
———— *liparus* et *arolicus* (?).

Non loin du hameau de las Chozas, en gravissant la sierra située à l'est, on ne tarde pas à rencontrer les bancs calcaires fossilifères du tithonique avec *Am. ptychoicus, Am. Chalmasi, Am. sutilis, Am. biruncinatus*, etc. Ces assises passent latéralement à des calcaires marneux jaunâtres, dont le caractère essentiel est d'être très noduleux [2]. Cette transformation est des plus nettes, car les couches sont entièrement à découvert; elle est importante à noter, car nous allons retrouver les couches noduleuses sous le néocomien à *Am. Tethys* près du col de Zaffaraya. Ces couches noduleuses passent aussi insensiblement, près de Zaffaraya, à des calcaires blancs (*Hemicidaris crenularis*) coralligènes.

C'est au tithonique qu'il faut rapporter les calcaires qui affleurent sur le versant sud de la sierra de Zaffaraya et qui paraissent recouvrir une masse puissante de calcaires blancs et de dolomies (col de Guaro). Nous avons recueilli, au-dessus du hameau de

---

[1] M. Gonzalo y Tarin a recueilli dans le tithonique de Loja :

*Am. mediterraneus.*
———— *transitorius.*
———— *municipalis.*
———— *Groteanus.*
———— *quadrisulcatus.*
———— *silesiacus.*
———— *Kœllikeri* (?)
———— *Erato* (?)
*Bel. hastatus.*

Au cortijo de Azafranero :

*Am. transitorius.*
———— *microcanthus.*
*Aptychus punctatus.*
*Bel. hastatus.*

[2] Il est intéressant de noter qu'en France, à Chardavon et au Jas-de-l'Érable (Basses-Alpes), des calcaires noduleux, identiques en tout point à ceux de las Chozas, forment, à la partie supérieure des couches à *Ter. janitor*, un horizon constant. Ils sont là associés à des bancs bréchoïdes que nous avons également retrouvés en Espagne, près de Cabra (voir plus bas), et ils se continuent dans la moitié inférieure des calcaires de Berrias. (Voir à ce sujet *Ann. sc. géol.*, t. XIX, p. 146.)

Guaro : *Am. (Perisphinctes) colubrinus* et *Haploceras* sp. dans des blocs éboulés, ce qui confirme cette opinion. Ces assises se poursuivent par le col de Zaffaraya jusqu'au cortijo Azafranero, à l'extrémité ouest de la sierra Tejeda; on les voit passer, près du col de Zaffaraya, à des couches noduleuses (voir plus haut) et se confondre avec le massif de calcaires blancs à radioles d'*Hemicidaris* qui forme la sierra. Ici encore le passage est des plus manifestes. Les bancs stratifiés reparaissent au cortijo Azafranero, où ils sont très fossilifères (*Am. ptychoicus, Am. transitorius, Am. municipalis, Am. volanensis, Aptychus punctatus*).

Au Torcal Bajo, l'on rencontre, au-dessous des marnes néocomiennes et sur les bancs réguliers de l'horizon à *Am. acanthicus*, des assises d'un calcaire rosé à *Am. ptychoicus*. Il est probable en outre que c'est au tithonique, dont l'épaisseur s'accroît vers le S. O., qu'appartiennent, au moins en grande partie, les calcaires qui constituent la chaîne du Camorro, celle qui domine le cortijo de los Alamos et toute la ligne de hauteurs qui s'étendent du Torcal à Gobantes.

La sierra de Abdalajis, en effet, est formée de calcaires blancs plissés; des lambeaux néocomiens sont pincés dans ces plis. Les calcaires blancs renferment, au sommet de la sierra, des *Phylloceras* et des *Haploceras* tithoniques. Nous avons recueilli, dans les tranchées du chemin de fer entre Gobantes et El Chorro, après le tunnel nº 7, au sein d'un calcaire rosé en gros bancs : *Aptychus punctatus, Am. ptychoicus*; puis, après le tunnel nº 9, là où la voie traverse des bancs verticaux d'un effet très pittoresque et où l'on remarque une fente gigantesque parallèle au plan de stratification, on peut ramasser en assez grand nombre l'*Am. silesiacus*.

Enfin sur le littoral méditerranéen, à l'est de Malaga et du Palo, près du cortijo del Cantal, des carrières sont ouvertes dans un calcaire rose bréchoïde que nous rapportons au tithonique. Il repose sur des calcaires blancs compacts, et un petit lambeau de schistes rouges, marneux, probablement néocomiens, le recouvre bien nettement. Ansted a signalé à San Anton, près de Malaga, un marbre crétacé à Bélemnites. Nous nous sommes assurés que les seules assises que l'on puisse, dans la région de la côte, attribuer au néocomien proprement dit, sont des schistes rouges. Les marbres dont parle Ansted sont sans doute les calcaires roses qui supportent, au cortijo del Cantal, les schistes rouges précités et qui reproduisent d'une manière frappante l'apparence des calcaires tithoniques tels que nous avons appris à les connaître dans les chaînes subbétiques. Ajoutons également que le tithonique doit être fossilifère sur certains points du littoral, car nous avons découvert dans la collection de Verneuil un fragment roulé d'Ammonite, d'aspect tithonique, et provenant d'un conglomérat de Torre del Cantal, près Malaga. Ce fragment appartient à une espèce du groupe de l'*Am. transitorius*.

C'est sans contredit dans les environs de Cabra (province de Cordoue) que les couches dont nous nous occupons atteignent le maximum de leur développement. La richesse exceptionnelle du gisement de Fuente et de los Frailes, connu depuis longtemps de tous ceux qui se sont occupés de la faune tithonique, en fait un des points les plus intéressants de l'Andalousie. On trouvera dans une note spéciale la description détaillée de cette station explorée par l'un de nous (M. Kilian). Nous nous bornerons à rappeler ici que l'excursion de Cabra lui a fourni les résultats suivants :

1° Le tithonique repose près de Cabra sur un calcaire blanc oolithique.

2° Le tithonique peut être divisé en deux horizons qui ont entre eux un grand nombre d'espèces communes, mais dont le supérieur contient une série de formes (*Hoplites* du groupe de *H. Chaperi* Pict., *Malbosi* Pict., *Euthymi* Pict., *Holcostephanus Negreli* Math., *Bel. latus*) du calcaire de Berrias. Les types anciens (*Aspidoceras longispinum* Sow. sp., *Rhacophyllites Loryi* M.-Ch., *Perisphinctes colubrinus*, *Simoceras*, etc.), de la couche inférieure ont disparu à ce niveau. *Pygope dyphia* et *P. janitor* se rencontrent dans les deux assises.

3° On voit, en plusieurs points des environs de Cabra, le tithonique se terminer par une brèche à éléments remaniés et roulés avec *Aptychus punctatus*, fragments d'Encrines [1], etc. Cette brèche supporte directement les assises marneuses à *Am. Astieri*.

4° Malgré des apparences de discordance dues à des glissements locaux, le néocomien marneux repose en concordance sur les calcaires à *Am. transitorius* des environs de Cabra.

D'après M. Macpherson, le tithonique se poursuit avec le même aspect et la même faune dans la province de Cadix [1], où il renferme de nombreux Brachiopodes. Aux iles Baléares, M. Hermite a signalé la présence de calcaires tithoniques renfermant une faune presque identique à celle que nous venons de citer. Nous avons eu l'occasion de voir, dans les collections de la Sorbonne, les échantillons rapportés par M. Hermite, et nous nous sommes assurés qu'il y avait, entre les assises à *Am. transitorius* des Baléares et celles de l'Andalousie, l'identité la plus complète, tant au point de vue lithologique que sous le rapport de la faune.

*Résumé.* — Les assises à facies pélagique et faune de passage, connues généralement sous le nom d'étage tithonique, prennent en Andalousie un grand développement. A côté d'un certain nombre d'espèces spéciales, elles contiennent des types incontestablement jurassiques (*Am. Loryi, Am. longispinus* [*iphicerus*], *Am. colubrinus*) associés à des formes crétacées (*Am. semisulcatus* [*Am. ptychoicus*], *Am. Calypso* [*silesiacus*], etc.). On peut distinguer en certains points un horizon inférieur à affinités jurassiques et un horizon supérieur à affinités crétacées (*Holcostephanus* et *Hoplites*). Ces deux niveaux sont intimement liés par un grand nombre d'espèces communes telles que : *Aptychus latus, Aptychus punctatus, Aptychus Beyrichi*,

[1] Il est remarquable de constater ici la présence de cette brèche à éléments et fossiles roulés, identique à celle que M. Ebray a suivie en France depuis Cirin (Ain) jusqu'à Berrias (Ardèche) et que M. Kilian vient de retrouver formant un niveau constant dans le tithonique et à la base des couches de Berrias dans la montagne de Lure, à Sisteron et à Chardavon, près de Castellane (Basses-Alpes), dans la Drôme, etc.

[2] Macpherson, *Bosquejo geologico de la provincia de Cadiz*, 1872.

*Am. quadrisulcatus*, *Am. Juilleti* (*sutilis*), *Am. Honnorati* (*municipalis*), *Am. semisulcatus* (*ptychoicus*), *Am. Calypso* (*silesiacus*), *Am. Kochi*, *Am. transitorius*, *Pygope diphya*, *P. janitor*.

Nous avons attiré plus haut l'attention sur la brèche qui surmonte souvent cet étage, et qui existe souvent, même dans les points où la faune tithonique ne s'est pas conservée au sommet des calcaires blancs.

### Liste des espèces recueillies dans le tithonique des provinces de Grenade et de Malaga [1].

Dent de **Sphenodus Virgai** Gemm. Loja.

**Aptychus Beyrichi** Opp. Illora, Loja. (Assez rare.)

—— **punctatus** Voltz. Cortijo Azafranero, tranchées de Gobantes, Loja. (Abondant.) Cité à Alhama par M. Mallada.

**Lytoceras quadrisulcatum** d'Orb. sp. Loja, Azafranero, las Chozas. (Commun.)

—— **Liebigi** Opp. sp. Loja.

—— **Juilleti** d'Orb. (= **sutile** Opp. sp.). Las Chozas, Loja.

—— **Honnorati** d'Orb. sp. (= **municipale** Opp. sp.). Loja, Azafranero. (Commun.)

**Lytoceras sp.** Entrée du tunnel n° 9 entre Gobantes et El Chorro.

**Phylloceras semisulcatum** d'Orb. sp. (= **ptychoicum** Qu.). Loja, N. de las Chozas, sierra de Abdalajis, Azafranero. (Très commun.)

—— **Calypso** d'Orb. sp. (= **silesiacum** Opp. sp.). Loja, tranchées de Gobantes. (Commun.)

—— **Kochi** Opp. sp. Loja.

**Haploceras Stasyczii** Zeuschn. sp. Loja.

—— **elimatum** Opp. sp. Loja.

—— **carachtheis** Zeuschn. sp. Sortie du tunnel n° 9 entre Gobantes et El Chorro.

**Haploceras sp.** Éboulis au nord du cortijo Guaro.

**Rhacophyllites Loryi** M.-Ch. sp. Loja. Entrée du tunnel n° 9.

—— **Levyi** Kilian. Loja (1 exemplaire.)

[1]. Nous laissons de côté ici la longue liste des espèces récoltées dans le tithonique de Cabra par M. Kilian, en renvoyant au travail spécial où elle aura sa place et à l'appendice paléontologique de ce mémoire, où elle sera analysée.

**Oppelia sp.** Loja.

**Perisphinctes colubrinus** Rein. sp. Guaro, Loja, Azafranero, las Chozas, tranchées de Gobantes. (Assez commun.)

—— **transitorius** Opp. sp. (type). Loja, Azafranero, tranchées de Gobantes. (Commun.) Cité à Alhama par M. Mallada.

—— **geron** Zittel. Loja, sierra de Zaffaraya, entrée du tunnel n° 9.

—— **rectefurcatus** Zittel. Loja.

—— **Fischeri** Kilian. Loja.

—— **Lorioli** Opp. sp. Loja.

—— **senex** Opp. sp. Loja, tranchées de Gobantes.

—— **Chalmasi** Kilian. N. de las Chozas, Loja.

—— **Richteri** Opp. sp. Loja.

—— **fraudator** Quenst. sp. Loja, Illora.

—— **sp.** N. de las Chozas.

**Simoceras volanense** Opp. sp. Loja, Azafranero.

—— **biruncinatum** Qu. sp. N. de las Chozas.

—— **sp.** (groupe du **S. Doublieri** d'Orb. sp.) Entrée du tunnel n° 9.

—— cf. **venetianum** Zitt. sp. Loja.

—— **rachystrophum** Gemm. Las Chozas.

**Holcostephanus Grotei** Opp. sp. Loja.

—— cf. **pronus** Opp. Loja.

**Hoplites Malbosi** Pict. sp. Loja.

—— **Kœllikeri** Opp. sp. Loja.

—— **microcanthus** Opp. sp. Loja, Illora.

—— **Andreæi** Kilian. Loja.

—— **progenitor** Opp. sp. Loja.

—— **symbolus** Opp. sp. Loja.

—— **Vasseuri** Kilian. Loja.

—— **Botellæ** Kilian. Loja.

—— **privasensis** Pict. sp. Loja.

—— **symbolus** Opp. sp. Loja.

**Peltoceras Edmundi** Kilian. Loja.

**Aspidoceras longispinum** Sow. sp. Loja.

—— **Rogoznicense** Zeuchner sp. Loja.

—— **avellanum** Zitt. Loja.

—— **Schilleri** Opp. sp. Loja.

**Pygope diphya** F. Col. sp. Loja. (Assez commun.)

—— **triangulus** Lam. sp. Loja [1].

_____

[1] M. Mallada (_Synopsis_, etc., _in_ Boletin 1884) a cité, en outre, de Loja : _Am. Erato, Am. liparus, Am. mediterraneus, Am. isotypus, Am. macrotelus, Am. arolicus._

Cette faune comprend, entre autres, outre un grand nombre d'espèces communes aux deux assises que M. Zittel distingue dans le tithonique, dix formes spéciales à la division inférieure (klippenkalk) et huit espèces signalées par M. Zittel comme se trouvant seulement dans le calcaire de Stramberg. On peut donc dire, en voyant associés dans une même assise *Haploceras Stasyczii, Rhac. Loryi, Perisph. colubrinus, Per. geron, Per. rectefurcatus, Sim. biruncinatum, Sim. venetianum, Aspidoceras longispinum, Asp. avellanum, Pygope diphya, P. triangulus,* d'une part, et *Perisph. senex, P. fraudator, P. Lorioli, Hopl. Kællikeri, H. progenitor, H. privasensis, Holcost. Grotei, Holc.* cf. *pronus,* de l'autre, qu'il y a ici mélange plus ou moins complet des deux faunes tithoniques considérées dans d'autres régions comme distinctes. Nous sommes donc amenés à un résultat analogue à celui auquel sont arrivés, pour le Véronais, MM. Nicolis et Parona. Ajoutons qu'à Cabra M. Kilian a rencontré le *Pygope diphya* associé au *P. janitor.*

Remarquons en outre la présence, dans le tithonique de Loja, des *Hoplites Malbosi* Pict. sp. et *privasensis* Pict. sp., espèces berriasiennes. A Cabra, les espèces berriasiennes abondent au sommet de l'étage et y sont associées à des formes plus anciennes, telles que *Pygope diphya, P. triangulus, P. Bouei, Hemicidaris Zignoi, Perisphinotes transitorius,* etc.

## C. — TERRAIN CRÉTACÉ.

### 7. — Néocomien.

*Historique.* — Cet étage est assez bien développé dans la région que nous avons explorée. Mentionnée déjà dans le nord de l'Andalousie (environs de Cabra), sa présence n'avait pas jusqu'à ce jour été signalée d'une façon certaine [1] dans les montagnes des provinces de Grenade et de Malaga. Ami Boué (1834) mentionne,

_____

[1] Hausmann (1842) se montre disposé à ranger dans le crétacé les grès rouges et certains calcaires de l'Andalousie.

d'après Cook, la présence de la craie sur la route de Malaga à Antequera. De Verneuil, dans une courte notice qui accompagne la
deuxième édition de sa carte d'Espagne, fait remarquer que les
couches à *Ter. diphya* de Cabra sont recouvertes par des marnes
blanches à *Bel. latus* et *Aptychus Didayi*. Au sud d'Alcala la Real,
le néocomien serait représenté par des marnes à petites Ammonites et à *Bel. latus*. L'auteur fait ressortir également l'analogie de
cette succession avec ce que l'on observe dans la haute Italie.

M. Mallada, dans sa carte géologique de la province de Cordoue, n'a pas indiqué les affleurements du néocomien (*Boletin*,
1880).

C'est dans un sens purement lithologique que M. de Orueta a
appliqué le mot de *craie* à des assises que l'on rencontre aux environs de Mollina, de Fuentepiedra et au nord d'Archidona; ces
couches, en réalité, sont beaucoup plus récentes que le crétacé.

Les auteurs de l'*Informe* indiquent l'existence du néocomien au
nord des provinces de Grenade et de Malaga, près d'Iznalloz, de
Montefrio et d'Antequera, sans appuyer leur assertion par aucune
citation de fossiles et sans donner aucun détail sur la constitution
de ce terrain. Plus récemment, dans leur note sur la région affectée par les tremblements de terre, MM. Taramelli et Mercalli
ont fait également mention du terrain crétacé. D'après ces auteurs, le néocomien serait représenté par des marnes à *Aptychus*
et des calcaires marneux; la craie par des marnes et des calcaires
variés qu'ils rapprochent de la *scaglia* (col de Periana, bassin d'Alfarnate, Archidona, etc.).

Nous avons été assez heureux pour recueillir dans la zone subbétique une série de fossiles qui rendent indubitable l'existence du
néocomien à facies vaseux dans cette contrée.

### Description des couches.

Ainsi qu'on le verra plus loin et que le montre notre carte, les
schistes et les calcaires marneux du crétacé inférieur sont loin

9.

de ne former que des lambeaux négligeables dans les chaines subbétiques; les affleurements, quoique généralement de peu d'étendue, sont nombreux et importants.

Le rôle des assises marno-schisteuses qui constituent cet étage
dans les chaînes subbétiques est assez remarquable pour que nous
nous y arrêtions. On sait que les chaines subbétiques sont essentiellement formées par des plis du calcaire jurassique; ces ondulations, très nombreuses et souvent très accentuées, constituent les
principales saillies de la chaine (sierras de Abdalajis, del Torcal,
sierra Chimenea, sierra de las Cabras, sierra Parapanda). Les
bancs marneux du néocomien, moins rigides que leur substratum
calcaire, ont été pincés dans les synclinaux, redressés verticalement sur les flancs des anticlinaux, souvent même, comme près de
la fontaine de Pinos (dans le massif de las Cabras), renversés sous
les assises tithoniques. Il en est résulté une sorte de laminage des
couches crétacées, qui, en beaucoup de points, ont pris un caractère schisteux très prononcé. De plus, les strates argileuses du néocomien ont glissé sur les flancs des plis jurassiques, de façon à
occuper souvent une position tout à fait anormale; on est tenté
de croire au premier abord à une discordance qui séparerait le
néocomien des calcaires tithoniques et jurassiques. Nous nous y
sommes laissé tromper plus d'une fois; mais, après avoir vu les
couches dans leur superposition normale (carrières au S. E. de
Loja, sierra Elvira, E. de las Chozas, N. E. d'El Chorro, etc.),
nous avons acquis la conviction que ces discordances apparentes
de stratification (environs de Loja, d'Antequera, etc.) étaient dues
simplement à des glissements postérieurs au dépôt des couches
et qu'il ne fallait voir là qu'un effet des dislocations auxquelles
remonte l'origine des chaines subbétiques.

Ajoutons cependant que M. Gilliéron [1] a observé dans les Alpes
fribourgeoises de curieux phénomènes de discordance entre les
calcaires tithoniques et les couches néocomiennes. Il signale no-

_____

[1] *Matériaux pour la carte géologique suisse*, 12ᵉ livraison (1873).

tamment des blocs de calcaire au milieu des marnes néocomiennes. Nous avons constaté le même phénomène sur certains
points des sierras de Fuenfria et du Torcal Bajo. M. Gilliéron croit
qu'en Suisse ces phénomènes sont dus à une érosion anténéoco-
mienne. On pourrait rapprocher ces traces d'érosion de l'existence
de la brèche que nous avons signalée au sommet du tithonique (voir
plus haut).

Malgré l'altération que les pressions ont fait subir aux assises
néocomiennes, nous avons pu y distinguer trois divisions principales : 1° à la base, des calcaires marneux plus ou moins développés alternant avec des marnes avec ou sans fossiles pyriteux;
2° des schistes argileux à *Aptychus*; 3° des calcaires à silex.

Les deux premiers groupes appartiennent seuls avec certitude
au néocomien proprement dit. Ils peuvent être observés en superposition près de la carrière de Loja, à l'est du hameau de las
Chozas, au-dessus de la voie ferrée, entre les stations de Gobantes
et d'El Chorro, et sur le chemin de Montefrio à Priego, dans le
voisinage du cortijo de Lojidia. Ils peuvent aussi exister isolément
et se remplacer l'un l'autre.

Quant aux calcaires à silex, ils ne nous ont fourni comme fossiles que des Bélemnites indéterminables. Ils pourraient représenter un niveau un peu plus élevé. Ils sont bien developpés au
N. O. de la station d'Illora, sur la route de Loja à Alfarnate, et
dans l'îlot calcaire qui s'élève à l'ouest de Villanueva del Rosario.

### a. — Calcaires marneux à Holcostephanus Astieri, et marnes à fossiles pyriteux et Pygope diphyoides.

Cette assise, très variable dans son épaisseur et dans sa constitution, est la seule qui nous ait fourni une faune un peu développée. Très réduite vers le sud, où elle ne mesure dans la
sierra de Abdalajis que 3 à 4 mètres, elle prend un développement considérable vers le nord, dans les environs de Priego et de
Cabra, et atteint là une puissance de 40 à 50 mètres.

Dans la carrière de Loja (extrémité ouest), au-dessus des calcaires bréchoïdes du tithonique, on observe des bancs d'un calcaire gris-blanchâtre très marneux, régulièrement stratifié; ils contiennent en ce point :

> *Am.* (*Phylloceras*) *infundibulum* d'Orb.

Nous avons recueilli en outre aux alentours

> *Bel.* (*Hibolites*) sp.
> *Ammonites* (*Holcostephanus*) *Astieri* d'Orb.
> ――― (*Hoplites*) sp.
> *Échinides indéterminables.*

Dans la carrière même, à gauche de la source du ruisseau, les calcaires marneux à *Am. infundibulum* se montrent en concordance sur les couches tithoniques.

Au S. E. de la carrière s'ouvre une sorte d'anse entourée par les escarpements de la sierra jurassique (calcaires blancs) et remplie par les calcaires néocomiens très plissés. Ce sont (à la base) des calcaires marneux, bien lités, d'un gris blanchâtre, à *Am. Astieri, Crioceras, Ancyloceras, Hamulines* (*Hamulina* cf. *Astieri* d'Orb.), *Oursins*, assez mal conservés. On peut les récolter en brisant les blocs épars dans les champs. Les couches supérieures sont des marnes rouges et blanches, schisteuses, à *Aptychus;* elles sont très tourmentées et affleurent sur le chemin de Zaffaraya. A droite et à gauche de ce chemin, les couches à *Am. Astieri* sont en contact tantôt avec les calcaires blancs compacts jurassiques, tantôt avec les calcaires bréchoïdes à Ammonites tithoniques.

Dans le sud de la sierra de las Cabras, le néocomien se montre au fond de nombreux synclinaux orientés du S. O. au N. E. Près du col de Zaffaraya, sur le flanc nord de la sierra, les calcaires blancs du terrain jurassique supérieur sont recouverts par des bancs de calcaire marneux jaunâtre à silex; nous y avons trouvé *Am. Tethys* et *Ancyloceras* sp. En gravissant la sierra à l'ouest du hameau de las Chozas, il est également facile de voir sur les assises noduleuses de la zone à *Am. transitorius* des calcaires marneux à *Am. Tethys;* ils sont recouverts par des schistes rouges à *Aptychus.* Enfin, au voisinage du cortijo Azafranero, le tithonique est recouvert par des assises marno-calcaires, jaunâtres, à Bélemnites, qui paraissent se rapporter au néocomien.

Au-dessus des gorges d'El Chorro, non loin du cortijo del Madroño, sur le sentier d'Antequera, le néocomien marneux à Bélemnites affleure sous des schistes rouges pareils à ceux qui, en d'autres points, renferment l'*Aptychus Mortilleti* et qui se rencontrent plissés et contournés dans divers cols de la sierra de Abdalajis.

C'est au pied de la sierra Parapanda, à Illora, que le néocomien marneux est le plus fossilifère; on y récolte dans un calcaire marneux blanc :

> *Belemnites latus* Blainv.
> *Aptychus angulicostatus* Pict. et de Lor.
> *Ammonites (Phylloceras) infundibulum* d'Orb.
> —— *(Holcostephanus) Jeannoti* d'Orb.
> —— *(Desmoceras) quinquesulcatus* Math.

Le même calcaire se montre aussi dans un petit synclinal, au pied de la sierra Elvira, au N. O. d'Atarfe; il repose là sur un calcaire blanc massif et renferme : *Am. Astieri, Am. Jeannoti, Am. infundibulum, Am. Tethys* et des Ptérocères indéterminables. Nous avons de plus trouvé dans la collection de Verneuil :

> *Ammonites infundibulum* d'Orb. Plusieurs échantillons.
> —— *(Lytoceras)* sp.
> —— sp. Plusieurs exemplaires indéterminables.
> *Ancyloceras* sp.

portant l'indication manuscrite : « une demi-lieue à l'ouest de Pinos Puente, près Grenade. »

Dans le nord de la province de Grenade, le néocomien prend une extension considérable. Il forme là des affleurements étendus et augmente sensiblement d'épaisseur. Sa composition paraît être, dans cette région, plus complexe, et nous croyons que l'étude des environs de Montefrio et de Priego permettra un jour d'établir des subdivisions plus précises dans le néocomien de l'Andalousie. A Antonejo, au nord du chemin de Loja à Montefrio, des marnes à Ammonites pyriteuses (*Am. Calypso, Am. Grasi, Am. neocomiensis*) s'enfoncent sous des assises argilo-schisteuses de couleur rouge à *Aptychus Mortilleti*. Les marnes renferment aussi *Bel. Orbignyi*.

Au N. O. de Lojidia (N. O. de Montefrio), on rencontre successivement de haut en bas :

1° Des calcaires blancs marneux avec lits de marnes bleues et Ammonites néocomiennes ;

2° Des calcaires bleus à *Cancellophycus ;*

3° Des calcaires bleus en gros bancs, à taches foncées, jaunes à l'extérieur ;

4° Des calcaires bleus devenant gris marneux et grumeleux ;

5° Des calcaires bleus (= 3°) avec une Ammonite bien conservée (*Holcostephanus* sp.) ;

6° Un lit grisâtre grumeleux ;

7° Des marnes calcaires jaunes à petites Ammonites ;

8° Des marnes à concrétions ferrugineuses ;

9° Des marnes rouges et des bancs gris de marnes durcies.

Sur les bords de l'arroyo de Granada, entre Montefrio et Priego, M. Kilian a recueilli dans une assise de calcaires marneux bleuâtres avec marnes grises à sphérites intercalées : *Am. (Lytoceras) subfimbriatus, Am. quadrisulcatus, Am. (Hoplites) angulicostatus, Aptychus angulicostatus*, etc.

Près de Carcabuey (province de Cordoue), on voit, *directement superposées au trias*, le long de la route de Cabra, des assises de calcaire marneux gris, très fossilifère, avec :

> *Aptychus angulicostatus* Pect. et de L. (Très abondant.)
> ——— *Seranonis* Coq.
> *Ammonites (Hoplites) macilentus* d'Orb.
> ——— *(Lytoceras) subfimbriatus* d'Orb.

*Ammonites (Phylloceras) Tethys* d'Orb.
—— *(Desmoceras) difficilis* d'Orb.
—— (——) *cassidoides* Ublig.
*Ancyloceras* sp.

Cette couche correspond exactement à celle de l'arroyo de Granada. La présence des *Am. difficilis* et *cassidoides* fait présumer qu'elle appartient à un niveau assez élevé du néocomien (niveau des Voirons ou barrêmien); elle mériterait d'être étudiée de plus près [1].

Le néocomien marno-calcaire est très bien développé aux environs de Cabra. Aux alentours des carrières célèbres de Fuente de los Frailes, M. Kilian a récolté dans des marnes de couleur claire, gris-blanchâtre, qui recouvrent les assises supérieures à *Pyg. diphya* et *Am. Kochi* du tithonique, une belle série d'Ammonites pyriteuses : *Am. Astieri, Am. neocomiensis, Am. asperrimus, Am. Grasi, Am. Tethys, Am. semisulcatus, Am. diphyllus, Am. picturatus, Am. Juilleti, Am. quadrisulcatus;* il y a aussi dans ces marnes des Bélemnites (*Bel. conicus*, etc.).

En suivant le chemin qui conduit de Fuente de los Frailes à Cabra et qui côtoie la limite des calcaires tithoniques et des marnes néocomiennes, on peut observer la succession suivante de bas en haut :

1° Calcaires bréchoïdes du tithonique (*Am. Liebigi*); brèche supérieure à éléments roulés;

2° Marnes grises, blanches et roses, et marno-calcaires néocomiens fossilifères : *Aptychus Seranonis, Bel. (Duvalia) conicus, Bel. Baudouini, Hamulina* cf. *Astieri* (abondante), *Am. (Hoplites)* sp., Oursins indéterminables, etc.

La grande route de Cabra à Priego fournit également de bonnes coupes dans les assises néocomiennes. Sur le plateau que traverse cette route, à l'est de Fuente de los Frailes, on voit les calcaires

---

[1] M. Mallada semble attribuer au lias les marnes néocomiennes et les calcaires marneux qui affleurent au pied du village de Carcabuey et qui, près du kilomètre 20, surmontent nettement le tithonique.

bréchiformes à *Am. transitorias* et *Ter. diphya* surmontés directement, et en concordance de stratification, par une assise de marnes
grises et de calcaires marneux bien lités renfermant des Céphalopodes néocomiens : *Am. Holcostephanus Astieri, Am. (Hoplites) neocomiensis, Am. (Haploceras) Grasi, Am. (Holcodiscus) incertus, Am.
(Phylloceras) Tethys, Am. (Phylloceras) infundibulum, Am. (Lytoceras) subfimbriatus, Hamulina, Aptychus Seranonis*, etc. Ces couches
sont recouvertes par des calcaires blancs saccharoïdes (voir plus
loin).

En redescendant vers Cabra, la tranchée de la route donne la
coupe suivante :

1° Calcaire tithonique;

2° Marnes blanches et rouges du tithonique supérieur;

3° Brèche à éléments roulés : *Aptychus punctatus, Pygope Bouei*, Encrines;

4° Marnes claires d'un gris jaunâtre à Ammonites pyriteuses (*Am. Astieri,
Am. neocomiensis, Am. Grasi*), avec rares bancs de calcaire marneux de
même couleur renfermant *Pyg. diphyoides*.

Le long de la chaussée qui relie Grenade à Jaen, on voit, entre
Campotejar et Noalejo, reposer sur le lias supérieur fossilifère
des assises à *Aptychus* qui pourraient bien se rapporter au néocomien.

Nous devons en outre indiquer qu'au Pradon, près de Loja,
les assises miocènes renferment, à l'état roulé, *Belemnites latus,
Aptychus Seranonis* et des fragments d'Ammonites.

Tels sont les renseignements que nous pouvons donner sur le
néocomien marneux de l'Andalousie. En jetant un coup d'œil sur
la faune de cet étage, on remarque que, si certains gisements
(Fuente de los Frailes) renferment une série d'espèces qui les range
à la base du néocomien (*T. diphyoides, Am. Grasi, Am. quadrisulcatus,
Am. semisulcatus, Bel. latus*, etc.), d'autres (Carcabuey, Illora, Loja)
nous ont fourni des formes d'un niveau assez élevé, plutôt spéciales au barrémien (*Am. difficilis, Am. cassidoides, Am. quinquesul-
catus, Hamulina* cf. *Astieri*, etc.).

**b. — Schistes marneux à Aptychus Mortilleti.**

Les calcaires néocomiens que nous venons de décrire sont en plusieurs points surmontés par des schistes marneux rougeâtres d'un aspect caractéristique. Ces schistes se font remarquer de loin au milieu des sierras de calcaire blanc et peuvent servir à trouver la trace des plis synclinaux dont ils occupent le fond.

Près de Loja, on voit, sur le sentier de Zaffaraya, ces schistes rouges très marneux faire suite aux couches à *Am. Astieri* de la source du Monachil; sur le bord de la sierra, dans un ravin, on y trouve : *Aptychus Seranonis, Apt. Mortilleti*. Dans le massif de las Cabras, entre las Chozas et Loja, le néocomien marneux à *Am. Tethys* s'observe en plusieurs points sous des schistes rouges argileux dans lesquels on rencontre fréquemment l'*Aptychus Mortilleti*. Le tout est pincé dans des plis synclinaux du calcaire sous-jacent.

Sur le chemin de Loja à Montefrio par le cortijo Antonejo, les schistes à *Aptychus* et les marnes crétacées reposent directement sur les marnes rouges du trias. Les schistes contiennent *Aptychus Didayi, Apt. Seranonis, Apt. Mortilleti*. En continuant le chemin de Montefrio, on voit que ces schistes eux-mêmes sont surmontés par des dalles sonores et des calcaires à silex. Les schistes à *Aptychus* se montrent encore non loin de là, à l'E. S. E. du cortijo Chosa del Olivo.

Entre Montefrio et Priego, les schistes à *Aptychus* sont également développés; ils font place, vers le nord, à des dépôts marno-calcaires dont nous avons donné le détail (voir plus haut). Les marnes à *Aptychus* se rencontrent encore le long de la grande route de Loja à Malaga, non loin de la venta de los Alazores. Il est probable que des deux côtés de la route, dans les dépressions (vallées du rio Frio, du Guadalhorce, etc.) de la sierra jurassique, il existe d'autres lambeaux crétacés, recouverts en partie par le nummulitique. Ce fait est assez général, et nous l'avons observé dans les sierras de Abdalajis et de Zaffaraya.

10.

Sur la route même, à une lieue environ de Loja, à l'entrée du défilé, entre les deux crêtes jurassiques, on observe la coupe suivante :

1° Calcaire blanc jurassique;

2° Banc de calcaire marneux, fissile, à silex; *Aptychus* costellé;

3° Calcaire à silex en bancs dans une argile rouge;

4° Marnes blanches schisteuses à silex;

5° Calcaire compact gris-bleu avec petits bancs de marnes d'un gris jaunâtre. Les calcaires deviennent jaunes à l'extérieur et sont en bancs assez gros. La route, prenant en biais cette succession de couches à peu près verticales, les traverse plusieurs fois;

6° Calcaire en bancs plus épais, gréseux;

7° Marnes rouges intercalées dans des calcaires bleus à silex.

Un peu plus loin, on trouve un calcaire violacé à taches de limonite et à Ammonites néocomiennes.

On voit un bloc de calcaire blanc jurassique émerger dans ce système, qui l'entoure complétement.

Il y a incontestablement apparence de discordance entre cette série et les calcaires blancs jurassiques. Cette apparence est sans doute augmentée par la faille importante, à contours très sinueux, qui, à l'ouest et au-dessous de la route, ramène au contact du crétacé les assises liasiques; mais les rochers blancs qui font saillie à

Fig. 8. — Coupe relevée à l'est de Gobantes (sierra de Abdalajis).

1. Calcaires blancs jurassiques. — 2. Schistes néocomiens.

l'est au milieu du système marneux semblent apporter une preuve irrécusable. Et cependant, après avoir examiné de près un grand nombre de ces contacts anormaux, nous avons dû revenir à l'opinion énoncée au début de ce chapitre; il n'y a là que des glissements des assises marneuses sur leur substratum moins plastique. Les ilots jurassiques isolés au milieu d'elles seraient les analogues du klippen des Carpathes et s'expliqueraient comme eux par une pénétration mécanique.

La sierra de Abdalajis est riche en ces sortes d'accidents. Les assises marno-calcaires, visibles encore près du cortijo de Madroño (Bélemnites), ne tardent pas à disparaître et, dans le massif qui domine à l'est la station de Gobantes, on ne rencontre plus, au fond des plis formés par les calcaires blancs, que de puissantes assises de schistes rouges fortement contournées et en quelque sorte laminées par la compression qu'elles ont subie. Dans les tranchées de la voie ferrée, ces couches apparaissent à plusieurs reprises avec les mêmes caractères. Tantôt elles reposent directement et en concordance sur le tithonique (partie des tunnels n° 6 et n° 10); tantôt elles sont plaquées contre lui, avec des plissements beaucoup plus accentués; enfin, dans certains cas, à l'intérieur de la chaîne, elles s'enfoncent sous lui régulièrement. Mais, de quelque manière que se fasse le contact, c'est toujours avec les assises les plus supérieures du jurassique qu'il a lieu, sauf le cas spécial d'une faille, comme celle de Loja, qu'on peut suivre alors entre d'autres assises. Ce fait nous semble suffisant pour rejeter définitivement, dans cette région, l'hypothèse de la discordance.

De Verneuil a rapporté des environs d'El Valle de Abdalajis un exemplaire de l'*Aptychus* cf. *Seranonis,* que nous avons vu dans sa collection. Nous-mêmes nous avons trouvé, au-dessus de la voie ferrée, l'*Ammonites Astieri.*

Sur le versant N. O. du Torcal, les schistes rouges à *Aptychus* sont plissés dans les anfractuosités des calcaires tithoniques, dont ils renferment des blocs, comme sur la route de Loja à Colmenar; on y rencontre des silex couleur de miel et des rognons de jaspe. Les mêmes apparences de discordance se reproduisent en plusieurs points et doivent recevoir la même explication. Au-dessus du cortijo Guaro, des schistes rouges à silex redressés sur le flanc de la sierra paraissent encore appartenir au crétacé inférieur.

Enfin sur la côte, ainsi que nous l'avons déjà dit plus haut, le néocomien paraît être représenté au cortijo de Cantal, près du Palo, par des marnes rouges et blanches très feuilletées qui reposent sur des calcaires roses bréchoïdes assimilables au tithonique. Les marnes renferment des fragments du calcaire sous-jacent.

Aux environs de Cabra, il ne nous a pas été possible de retrouver les schistes à *Aptychus*. Le néocomien marneux y est très puissant et atteint une épaisseur de 3o à 4o mètres. Nulle part on ne voit de trace des couches rouges qui le surmontent dans les chaînes méridionales et qui semblent ici manquer complètement.

Ainsi les schistes rouges à *Aptychus* qui, en certaines localités, recouvrent nettement le néocomien marno-calcaire, paraissent en plusieurs autres représenter seuls l'étage tout entier (sierra de Gobantes, Torcal, etc.). Là, au contraire, où les marnes à *Am. Astieri* atteignent, comme à Cabra, un grand développement, ces schistes semblent faire défaut. Il semble donc que nous ayons affaire à deux faciès du néocomien inférieur, ces faciès tantôt se superposant, tantôt se remplaçant l'un l'autre; en tout cas, l'abondance des *Aptychus Seranonis, Mortilleti* et *Didayi* dans les schistes rouges leur assigne un niveau certainement inférieur à l'étage barrèmien. L'existence même de ces deux faciès serait un trait d'analogie de plus avec la région alpine: dans les Alpes autrichiennes, il n'est pas rare de voir les couches néocomiennes à Ammonites (Rossfeldschichten) être remplacées totalement ou en partie par des couches à *Aptychus* (Neocomaptychenkalk).

Soit que le néocomien se compose de schistes à *Aptychus*, soit qu'il consiste en couches à Ammonites, on remarquera que nulle part nous n'avons constaté la présence des couches de Berrias telles qu'on les connaît en France. M. Hermite a fait la même observation aux Baléares. Nous avons vu qu'à Fuente de los Frailes le tithonique était terminé par une assise à affinités crétacées qui contient un certain nombre d'espèces berriasiennes (*Am. Negreti, Am. Malbosi, Am. privasensis, Am. occitanicus, Bel. latus*). D'autre part, les marnes à *Am. Astieri* de cette localité ont fourni *Pygope diphyoides*, espèce également berriasienne, mais qui, dans le midi de la France, remonte aussi dans le néocomien proprement dit. La zone de Berrias paraît donc, à Cabra, se confondre avec la partie supérieure du tithonique. Pour les autres points, il est probable que de nouvelles études mèneront à la même conclusion.

### c. — Couches à silex.

Ces couches, déjà mentionnées sur la route de Loja à Colmenar, semblent, partout où elles existent, superposées aux marnes précédentes. Elles se présentent en général en gros bancs assez bien lités, d'un gris bleuâtre ou verdâtre, plus ou moins foncé; les silex très abondants y présentent souvent des formes branchues. Nous n'y avons pas trouvé de fossiles, sauf des débris de Brachiopodes, sur la route de Loja à Alfarnate, et des Bélemnites indéterminables, au nord du chemin de Loja à Montefrio.

Les affleurements principaux se trouvent au nord de la route de Grenade, entre Illora et Pinos Puente, et à l'ouest de Villanueva del Trabuco, au milieu de l'îlot jurassique du cortijo de los Busques (Bosques de la carte). La puissance en est très grande et peut atteindre une centaine de mètres. Du côté de Montefrio, ces calcaires sont surmontés par un système de dalles gréseuses, avec silex plus rares, qui doivent appartenir au crétacé supérieur (voir plus loin).

Les renseignements nous manquent pour fixer l'âge de ce système important, qui pourrait appartenir encore au néocomien (urgonien), mais pourrait aussi bien représenter en même temps l'aptien ou le cénomanien.

Nous avons déjà eu l'occasion de dire que, du côté de Montefrio et, d'une manière générale, en approchant de la province de Jaen,

la concordance, même relative, qui met partout au sud le crétacé
en contact avec le tithonique, ne semble plus se maintenir. On
trouve alors le crétacé surmontant directement le trias ou entourant des ilots liasiques. Il n'y a pas de mouvements mécaniques
qui puissent expliquer ces faits, déjà mis en évidence sur la carte
de M. Mallada et constatés par nous sans ambiguïté. Cette sorte de
transgressivité, restreinte à une région peu étendue, tout autour de
laquelle la série jurassique semble s'être déposée complète et sans
lacune, ne laisse pas que d'être difficile à expliquer; nous reviendrons plus tard sur cette question.

**Liste des espèces recueillies dans le néocomien
de l'Andalousie méridionale.**

**Belemnites (Duvalia) dilatatus** d'Orb. Fuente de los Frailes.
—— (——) **latus** Blainv. Sierra Parapanda.
——. (——) **Emerici** d'Orb. Cabra. (Coll. de Verneuil.)
—— (——) **sp.** Route de Carcabuey à Cabra.
—— (——) **conicus** Blainv. Cabra. R. de Priego.
...— **(Hibolites) Orbignyi** Duval sp. Antonejo.
—— (——) fragment, peut-être **H. subfusiformis** Rasp. sp. Loja et
    Cabra.
——. (——) peut-être le **H. pistilliformis** Blainv. sp. Route de Carca-
    buey à Cabra.
—— (——) **sp.** Zaffaraya.
**Lytoceras quadrisulcatum** d'Orb. sp. Antonejo, Fuente de los Frailes,
    route de Priego à Carcabuey. (Pyriteux.)
—— **Juilleti** d'Orb. sp. Fuente de los Frailes. (Pyriteux.)
—— **subfimbriatum** d'Orb. sp. Carcabuey, Cabra (route de Priego),
    O. du col de Zaffaraya.
—— **sp.** Cabra.
—— cf. **lepidum** d'Orb. sp. Fuente de los Frailes. (Pyriteux.)
**Hamulina** cf. **Astieri** d'Orb. sp. Loja.
—— **sp.** Cabra (r. de Priego), Loja.
**Phylloceras infundibulum** d'Orb. sp. Illora, Cabra (r. de Priego), Loja.
—— **Tethys** d'Orb. sp. **(semistriatum).** Fuente de los Frailes, route
    de Priego à Cabra. Carcabuey, las Chozas. (Pyriteux.)
—— **diphyllum** d'Orb. sp. Antonejo. (Pyriteux.)
—— **picturatum** d'Orb. sp. Fuente de los Frailes. (Pyriteux.)

**Phylloceras Calypso** d'Orb. sp. Antonejo. (Pyriteux.)

— — **semisulcatum** d'Orb. sp. Fuente de los Frailes. (Pyriteux.)

— — sp. Col de Guaro.

**Haploceras Grasi** d'Orb. sp. Fuente de los Frailes, route de Priego à Cabra, Antonejo. (Pyriteux.)

**Holcostephanus Astieri** d'Orb. sp. Loja (calcaire), Fuente de los Frailes (pyriteux), Montillana (calcaire).

— — **Jeannoti** d'Orb. sp. Illora, sierra Elvira.

— — sp. Loja.

**Holcodiscus incertus** d'Orb. sp. Route de Cabra à Carcabuey.

**Desmoceras difficile** d'Orb. sp. Carcabuey.

— — cf. **cassidoides** Uhlig. Carcabuey.

— — sp. Carcabuey. Fuente de los Frailes.

— — **quinquesulcatum** Math. sp. Illora.

**Hoplites neocomiensis** d'Orb. sp. Fuente de los Frailes, route de Priego à Cabra, Antonejo. (Pyriteux et calcaire.)

— — **asperrimus** d'Orb. sp. Fuente de los Frailes. (Pyriteux.)

— **angulicostatus** Pictet (*non* d'Orb.). Illora.

**cryptoceras** d'Orb. Fuente de los Frailes.

— **Mortilleti** Pict. et de Lor. Illora.

— **macilentus** d'Orb. sp. Carcabuey.

— — sp. Carcabuey, Loja.

**Schloenbachia** cf. **Ixion** d'Orb. sp. E. de Cabra.

**Ancyloceras** sp. Cabra, O. du col de Zaffaraya, Carcabuey.

**Aptychus angulicostatus** Pict. et de Lor. E. d'Illora, Carcabuey.

— — **Didayi** Coq. Antonejo.

— — **Seranonis** Coq. Fuente de los Frailes, route de Priego à Cabra, E. de Cabra, S. E. de Loja, Carcabuey, col d'Alfarnate, cortijo Antonejo.

— — **Mortilleti** Pict. et de Lor. Loja, Illora, sierra de las Cabras, N. de las Chozas, sierra Parapanda, Antonejo.

**Rostellaria** sp. Sierra Elvira.

**Pygope diphyoides** d'Orb. Fuente de los Frailes.

Échinides (**Echinospatagus**, **Toxaster**). Loja, Fuente de los Frailes.


La collection de Verneuil, à l'École des mines, renferme les espèces suivantes du néocomien d'Andalousie :

**Belemnites (Duvalia) dilatatus** d'Orb. Cabra.

— — (— —) **latus** Blainv. Cabra.

11

Lytoceras sp. Cabra.
—— quadrisulcatum d'Orb. sp. Cabra. (Pyriteux.)
—— Juilleti d'Orb. sp. Cabra. (Pyriteux.)
Phylloceras semisulcatum d'Orb. sp. Cabra. (Pyriteux.)
—— infundibulum d'Orb. sp. Pinos Puente.
—— Grasianus. S. de Cabra. (Pyriteux.)
Holcodiscus intermedius d'Orb. sp. Pinos Puente.
Holcostephanus Astieri d'Orb. sp. var. Pictet. S. de Cabra.
—— Astieri d'Orb. sp. S. de Cabra. (Pyriteux.)
Hoplites neocomiensis d'Orb. sp. S. de Cabra. (Pyriteux.)
—— macilentus d'Orb. sp. S. de Cabra.
Aptychus Didayi Coq. Cabra.
—— angulicostatus Pict. et de Lor. Cabra.
—— Seranonis Coq. Cabra.
—— sp. Iznalloz.
Ancyloceras (fragments). S. de Cabra.
Ptychoceras (Baculites) neocomiense d'Orb. sp. S. de Cabra. (Py-
    riteux.)
Gastéropodes pyriteux indéterminables. S. de Cabra.
Pholadomya cf. Malbosi Pict. S. de Cabra.
—— cf. Trigeri Cott. S. de Cabra.
Pygope cf. diphyoides. S. de Cabra. (Pyriteux.)
—— hippopus d'Orb. sp. Cabra.
Terebratula cf. Moutoni d'Orb. S. de Cabra. (Pyriteux.)
—— sp. indet. S. de Cabra.

## 8. — Assises crétacées supérieures au néocomien.

L'étage aptien existe à Conil (province de Cadix); la collection
de la Sorbonne renferme *Am. Melchioris* et *Am. Duvali* de cette
localité; à Alcoy (province d'Alicante), on trouve l'*Ammonites Nisus*.
Le crétacé paraît, du reste, être complètement développé aux
environs de Jaen, d'après les fossiles que de Verneuil a rapportés
de cette province. Les Requiénies paraissent n'être pas rares à
Jodar et la collection de Verneuil renferme une série d'Échinides
de la craie supérieure de Mancha Real. M. Lucas Mallada a signalé
le turonien et le sénonien fossilifères aux environs de Mancha
Real.

L'existence de ces étages supérieurs est douteuse dans les provinces de Grenade et de Malaga. Pourtant, comme nous l'avons dit, les calcaires à silex pourraient représenter l'étage aptien. En tout cas, le système puissant de calcaires gris en dalles (lauzes), avec silex brunâtres et marnes durcies jaunes qui les surmontent entre Montefrio et Loja, semble certainement appartenir à un étage supérieur. Nous avons eu, en effet, l'occasion de voir à Montefrio, entre les mains des habitants, plusieurs exemplaires silicifiés de l'*Echinocorys vulgaris* (*Ananchytes ovata*) ; il nous semble peu probable que ces fossiles n'aient pas été récoltés aux environs mêmes de Montefrio, cette ville étant trop écartée et trop délaissée des géologues pour que plusieurs de ses habitants aient, chacun de leur côté, été mis en possession de la même espèce d'Échinide.

Quoi qu'il en soit à cet égard, nous croyons devoir signaler à l'attention de nos confrères les marnes grises et les lauzes à silex de Montefrio.

Quant aux assises analogues à la *scaglia*, signalées plus au sud par MM. Taramelli et Mercalli, il n'est pas douteux pour nous qu'elles ne fassent partie de l'ensemble des assises décrites plus haut et qu'elles n'appartiennent au crétacé inférieur.

## COMPARAISON DES TERRAINS JURASSIQUE ET CRÉTACÉ
### DE LA RÉGION SUBBÉTIQUE
#### AVEC CEUX DES CONTRÉES VOISINES.

Maintenant que nous avons établi, autant que nos observations nous l'ont permis, l'ordre de succession des assises jurassiques et crétacées dans les provinces de Grenade et de Malaga, il convient d'examiner quels sont les rapports de ces dépôts avec les couches synchroniques des régions voisines et celles des contrées classiques.

A l'ouest, les recherches de M. Macpherson[1] ont montré que,

[1] Macpherson. *Bosquejo geologico de la provincia de Cadiz.* Cadix, 1873.

11.

dans la province de Cadix, les mêmes terrains présentent un développement analogue. Le lias supérieur, le tithonique, le néocomien s'y sont montrés fossilifères et de facies alpin. De plus, à Conil, affleurent les marnes aptiennes à *Am. Guettardi*, *Am. Melchioris*, *Am. Nisus*, telles qu'on les connaît à Gargas en Provence.

Dans le Portugal, on sait, grâce aux travaux de M. Choffat [1], qu'en se dirigeant d'abord vers l'ouest, puis vers le nord, on trouve des passages progressifs aux facies de l'Europe septentrionale. Dans les Algarves, le trias paraît présenter en partie un facies alpin qui se rapprocherait de celui de la chaîne bétique ; le lias (lias à facies espagnol de Thomar), avec sa riche faune de Brachiopodes (*Ter. Jauberti*, *Rynch. meridionalis*, etc.), a beaucoup d'espèces communes avec celles de Teruel et du Var ; dans le dogger de Cesareda, on trouve *Posidonomya alpina*. Le bathonien et le malm des Algarves présentent au contraire un développement tout différent de celui des régions méditerranéennes. Au nord du Portugal, la série se rapproche beaucoup de celle du bassin anglo-parisien.

De l'autre côté du plateau central de l'Espagne, dans la province de Teruel (sierras de Albarracin et de Frias), les formes plus spécialement alpines cessent également de se montrer dans les couches jurassiques [2]. D'après les fossiles conservés dans la collection de Verneuil, le lias a le facies espagnol ; le dogger, très fossilifère, et le malm rappellent plutôt les types de l'Europe centrale.

En Algérie, le lias du Djurdjura (Kabylie) est formé, comme

[1] Choffat. *Étude stratigraphique et paléontologique des terrains jurassiques du Portugal*, 1. *Le lias et le dogger au nord du Tage*. Lisbonne, 1880. (Section des trav. géol. du Portugal, I.) Id. *Recherches géologiques sur les terrains secondaires au sud du Sado*. (Communicaçoes da commissão dos trabalhos geologicos, t. 1, II, Lisbonne, 1887.) M. Choffat qualifie avec raison le lias de Thomar de « lias à facies espagnol ». Le lias à facies espa-

gnol, très développé dans le Var et dans l'est de l'Espagne (coll. de Verneuil) ainsi qu'aux Baléares, se rapproche, par quelques formes de Brachiopodes, du lias alpin proprement dit.

[2] Dans cette partie de l'Espagne, le facies alpin s'avance plus à l'ouest pour le trias que pour le jurassique puisqu'on a trouvé à Mora del Ebro des Céphalopodes analogues à ceux du Tyrol (*Trachyceras ibericum*, etc.).

en Andalousie, par des calcaires blancs à Pentacrines et à silex [1]. Les gisements tithoniques des Hauts Plateaux (Batna, Sétif, etc.) ont fourni un grand nombre des espèces que nous citons dans les couches à *Am. transitorius* de Loja et de Cabra. Le néocomien vaseux est développé dans la province de Constantine [2] et y montre les Ammonites ferrugineuses du néocomien inférieur de Saint-Julien-en-Beauchène (Dauphiné), celles mêmes qui caractérisent précisément l'étage en Andalousie.

Si, maintenant, de l'Andalousie nous nous éloignons vers l'est (Murcie et Baléares), si de là nous suivons, par la Sicile et l'Italie, les bords de la dépression tyrrhénienne, nous rencontrons de remarquables analogies dans la succession des couches et dans le caractère des faunes.

C'est ce que montrent, pour la Murcie, les observations publiées par de Verneuil et Collomb [3]. On connaît le massif de calcaires rouges à Ammonites de la Romana, près d'Alicante; à Alcoy (province d'Alicante), le néocomien est analogue à celui de Loja (*Am. infundibulum*, etc.).

Aux Baléares [4], au-dessus du keuper à facies alpin, le lias montre encore le facies espagnol; mais, comme en Andalousie, le dogger est peu développé; la ressemblance s'accentue avec le jurassique supérieur et avec le tithonique, identique à celui de Cabra, et se poursuit dans le néocomien : nous avons retrouvé dans notre région la plupart des espèces citées par M. Hermite (*Am. Astieri*, *Am. semisulcatus*, *Am. subfimbriatus*, *Am. cryptoceras*, *Am. difficilis*, *Am. infundibulum*, *Am. Mortilleti*, *Am. Tethys*, *Am. lepidus*, *Am. Honnorati*, *Am. incertus*, *Am. Grasi*, *Am. diphyllus*, *Aptychus Mortilleti*, *Apt. angulicostatus*, *Hamulina*, *Bel. dilatatus* et *pistilliformis*).

Quant aux couches de Berrias, elles ne forment pas non plus

[1] Communication verbale de M. Ficheur.

[2] Péron. *Essai d'une description géologique de l'Algérie*. (Annales des sc. géol., t. XIV, 1883.)

[3] *Expl. de la carte géol. d'Espagne*, 2° édit., 1869.

[4] H. Hermite. *Études géologiques sur les îles Baléares*. Paris, 1879.

aux Baléares une assise nettement distincte du tithonique. Le barrèmien vient d'y être rencontré par M. H. Nolan.

En Sicile, d'après les dernières publications[1], le lias inférieur
est représenté par des calcaires cristallins fossilifères; le lias moyen
par des calcaires à Crinoïdes et à Brachiopodes (*Terebr. Aspasia,
Spiriferina rostrata*, etc.). Le lias supérieur est calcaire ou marneux, caractérisé par une teinte rouge prononcée; il renferme des
*Harpoceras* (*Harp. radians, Harp. complanatum*, etc.). Le dogger,
mieux développé qu'en Andalousie, est surmonté par des calcaires
blancs ou roses à veines spathiques, dans lesquels on a distingué
deux niveaux : les couches à *Peltoceras transversarium* à la base,
celles à *Aspidoceras acanthicum, Phylloceras isotypum*, etc., au
sommet. Le tithonique, semblable au nôtre, contient : *Ter. diphya, T. janitor, Aptychus punctatus, A. Beyrichi, Am. climatus.*
Puis vient le néocomien, marneux, à rognons de silex, avec *Aptychus angulicostatus, Apt. Seranonis, Bel. latus, Bel. dilatatus, Am.
ligatus, Am. infundibulum, Am. Grasi, Ter. diphyoïdes*, etc., surmonté par l'urgonien. On trouve des détails sur cette coupe, si remarquablement conforme à celle de l'Andalousie, dans les ouvrages
de MM. Seguenza[1], Travaglia[2] et Gemmellaro[3].

Dans les Apennins (montagne de Suavicino) M. Canavari cite :

Lias moyen. — Couches à *Am. algovianus, Am. margaritatus, Am. spi-
nalus*, et à *Ter. Aspasia*;

Lias supérieur à *Am. bifrons, Am. comensis, Am. dorcadis, Ter. (Pygope)
erbaensis*, etc.;

Oolithe inférieure à *Posidonomya alpina* et *Stephanoceras bayleanum*;

Schistes à *Aptychus*;

Tithonique rouge;

[1] *Brevi cenni relativi alla carta geologica della isola de Sicilia*, Rome, 1877.
*Breve nota intorno le formazioni primarie
e secondarie della provincia di Messina.*
(Bull. R. Comit. d'Italia, 1871.)

[2] *Bullet. R. Comit. geol.*, 1880,
p. 505. M. Travaglia donne dans cette

note de bons renseignements sur le néocomien, qui ressemble beaucoup par sa
faune à celui de Loja et d'Illora.

[3] Gemmellaro. *Fauna giarese di Sicilia*, 1872; *Calc. à Ter. janitor de Sicile*,
1872; *Bull. d. Soc. di Sc. nat. ed econo-
miche di Palermo*, 12 juin 1879.

Tithonique blanc très fossilifère à *Ter. (Pygope) triangulus, Am. pty-choicus*, etc.;

Néocomien (*Calcaria rupestre*), à *Ter. (Pygope) euganeensis*, etc.

Aux environs de Tivoli, MM. Canavari et Cortese [1] ont fait connaître en 1881 une succession analogue. M. Cocchi [2] a retrouvé à l'île d'Elbe le même faciès pour le lias et le tithonique.

La localité de Monticelli, aux environs de Rome, a fourni un grand nombre d'espèces du lias supérieur parmi lesquelles se trouvent la plupart des formes recueillies par nous dans le toarcien des environs de Grenade.

Dans l'Apennin central (monte Catria et monte Nerone), M. Zittel [3] indique la succession suivante :

Lias inférieur. — Calcaires massifs de couleur claire, parfois dolomitiques et oolithiques : Terébratules, Rhynchonelles, *Posidonomya Janus*, etc.;

Lias moyen. — Calcaires marbres à silex : *Am. algovianus, Am. boscensis, Am. Davoei, Terebr. Aspasia, T. cerasulum, Spiriferina rostrata*, etc.

Lias supérieur. — Marnes et calcaires (*ammonitico rosso*, pro parte) et calcaires à silex. Ce niveau fort caractéristique fournit : *Am. cornucopiæ, Am. Nilssoni, Am. mimatensis, Am. bifrons, Am. comensis, Am. Mercati, Am. complanatus, Am. insignis, Am. fibulatus, Am. subarmatus, Terebratula erbaensis;*

Dogger. — Couches à *Am. ultramontanus, Am. Circe, Am. Murchisonæ, Am. fallax, Am. gonionotus, Humphriesanus*, etc.;

Schistes à Aptychus (*Apt. punctatus, Apt. lamellosus, Apt. Beyrichi, Ter. Bouei*);

Tithonique. — Marbre fossilifère : *Bel. conophorus, Apt. punctatus, Apt. Beyrichi, Apt. latus, Am. ptychoicus, Am. Kochi, Am. quadrisulcatus, Am. Stusyczii, Am. geron, Am. carachtheis, Am. volanensis, Am. bispinosus, Am. cyclotus, Ter. triangulus*, etc.;

[1] Canavari e Cortese. *Sui terreni secondari dei dintorni di Tivoli.* (Bull. R. Comit., 1881).

[2] Cocchi. *Cenno sui terreni dell'isola d'Elba.* (Bull. R. Comit., 1870.)

[3] *Geologische Beobachtungen aus den Centralapenninen.* (Benecke, *Geognostisch-palæontologische Beiträge*, II, 2, 1869.) Baldacci e Canavari. *La regione centrale del Gran Sasso d'Italia.* (Bullettino R. Comitato geolog. d'Italia, 1884, n°° 11 et 12.)

Néocomien.—Calcaire de couleur claire (Felsenkalk) avec *Am. Tethys, Am. infundibulum, Am. quadrisulcatus, Am. subfimbriatus, Am. Grasianus, Am. intermedius, Terebr. euganeensis,* etc.;

Crétacé supérieur et moyen (scaglia).

MM. Nicolis et Parona [1] viennent également de faire connaître dans le Véronais des assises à *Posidonomya alpina*, des couches à *Am. transversarius*, la zone à *Am. acanthicus* et le tithonique, qui renferme là une faune presque identique à celles de Loja et de Cabra.

En Lombardie, nous retrouvons la plupart de ces horizons. Des couches à *Arietites* (c. de Saltrio), le medolo à *Am. algovianus* de Brescia, les calcaires rouges à *Am. bifrons* représentent le lias; ils sont particulièrement bien développés à Erba et ont fait l'objet des remarquables monographies paléontologiques de M. Meneghini [2]. Le dogger est constitué par les couches à *Posidonomya alpina* et les assises à *Am. Murchisonœ* du cap San Vigilio. On retrouve le jurassique supérieur sous la forme de schistes à *Aptychus* et de couches à *Am. acanthicus* (Tyrol méridional). Le tithonique renferme partout la même faune, et le néocomien portant les noms de majolica (*Aptychus Didayi*) ou de biancone (*Am. semisulcatus, Am. Grasi, Am. Astieri, Am. crioceras,* etc.) rappelle toujours celui de la Sicile, de la Provence, des Baléares et de l'Andalousie méridionale.

Nous n'insisterons pas sur les coupes plus connues du Tyrol [3], des Alpes autrichiennes et des Alpes bavaroises [4]. Il nous suffira de

---

[1] Nicolis e Parona. *Note stratigrafische e paleontologiche sul Giura superiore della provincia di Verona.* (Bull. Soc. geol. Italiana. Rome, 1885.)

[2] Meneghini. *Monographie des fossiles du calcaire rouge ammonitifère de la Lombardie,* etc., et Appendice : *Fossiles du medolo* (in Stoppani, *Paléontologie lombarde*), 4ᵉ série. Milan, 1867-1881.

[3] Benecke, *Trias und Jura in den*

*Südalpen* (*Geognostisch-palæontologische Beiträge,* t. I, 1, 1866).

[4] Von Hauer. *Die Geologie und ihre Anwendung auf die Kenntniss der Oesterreich-Ungarischen Monarchie,* 2ᵉ édition. Vienne, 1878. Voir en outre : Oppel, *Ueber das Vorkommen von jurassischen Posidonomyengesteinen in den Alpen* (*Zeitschr. der d. geol. Ges.,* 1863); *Ueber die Brachiopoden des unteren Lias* (*Zeitschr.*

rappeler que les couches d'Hierlatz et d'Adneth renferment, avec
*Terebratula Aspasia*, les Céphalopodes d'Alhama, de la sierra Elvira, et montrent des bancs puissants de calcaires à Entroques;
que le toarcien, sous forme de Fleckenmergel, de couches d'Adneth [1] (*pro parte*) et de couches d'Algaü, présente dans sa faune
de grandes analogies avec l'*ammonitico rosso*; que les couches de
Klaus (dogger) contiennent le *Posidonomya alpina*, et que le malm
comme le tithonique y conservent leur facies déjà décrit. De même
le néocomien, représenté tantôt par des couches à *Aptychus Didayi*
(Neocomaptychenkalk), tantôt par des assises à Ammonites (majolica, biancone, Schrambachschichten, schistes de Teschen, Stoll-
bergschichten, Rossfeldschichten), peut être exactement parallélisé
avec celui de l'Andalousie.

Ces différentes coupes montrent d'une manière incontestable
qu'il existe, de l'Andalousie jusqu'au nord des Apennins, une zone
à peu près continue, où les terrains jurassique et néocomien se
poursuivent avec le même facies.

Déjà de Verneuil a été frappé de cette analogie. « Les districts
de Malaga et de Ronda, dit-il, ont une constitution géologique
très analogue à celle des Alpes vénitiennes. » Il signale aux environs
d'Antequera la présence de roches analogues à l'*ammonitico rosso*
et au biancone de l'Italie. Cette analogie est surtout frappante pour
le lias moyen (couches à *Ter. Aspasia*), avec ses calcaires compacts, ses couches à Entroques et la tendance coralligène de sa
faune, et pour le lias supérieur (*ammonitico rosso*, pro parte) dont
toutes les espèces citées en Andalousie, même les formes spéciales,
telles que l'*Am. lariensis* et les *Aulacoceras*, se retrouvent jusqu'en

---

d. deutschen geol. Ges., 1861); Gümbel,
*Geognostische Beschreibung des Bayeri-
schen Alpengebirges und seines Vorlandes*,
Gotha, 1861; Zittel, *Verh. der k. k.
geol. Reichsanstalt*, t. VIII; Neumayr,
*ibid.*, 1877, etc.

[1] Presque toutes les espèces d'Ammonites que nous avons citées dans le
lias de l'Andalousie (*Am. tardecrescens,
Am. ceras, Am. multicostatus, Am. radians,
Am. complanatus, Am. bifrons, Am. comensis, Am. cylindricus*) se rencontrent
dans les assises liasiques d'Adneth (Alpes autrichiennes).

IMPRIMERIE NATIONALE.

Lombardie [1]. Le dogger, malgré quelques traits assez constants de sa faune (*Posidonomya alpina, Ammonites Murchisonæ, Am. Humphriesi*), est d'un aspect plus variable; mais l'absence presque complète de toute faune bathonienne est encore un caractère général de cette zone. L'assise à *Heligmus* d'El Chorro y constitue un fait à peu près exceptionnel. Pour le malm et le néocomien, il faut remarquer que les schistes à *Aptychus* représentent un facies plus spécialisé, tandis que celui du tithonique et du néocomien vaseux s'étend au contraire, presque sans changement, à une région beaucoup plus étendue (Provence, Alpes et Carpathes).

Si, au contraire, on s'écarte de la zone précitée, les couches et les faunes montrent immédiatement de grandes différences : nous avons, il est vrai, rapproché au point de vue lithologique certaines couches de l'Andalousie de l'infralias de Provence ; mais en Provence le lias moyen n'y montre plus que de lointains rapports avec celui de la zone tyrrhénienne (*Rhynchon. Dalmasi, Am. algovianus*). Les espèces communes sont plus nombreuses dans le lias supérieur, dont certaines Ammonites ont une grande extension géographique ; mais la composition des bancs comme l'ensemble de la faune répondent à un autre type. Le dogger de la haute Provence et des Préalpes suisses peut se rapprocher des couches de Klaus et de certains horizons du Tyrol (*Phylloceras* [2], *Am. tripartitus, Am. fallax, Posidonomya alpina*) ; mais, sans même parler de sa plus grande épaisseur, il diffère sensiblement des représentants bajociens de la zone tyrrhénienne.

C'est seulement pour la zone à *Ammonites acanthicus*, pour le tithonique avec ses brèches et pour le néocomien vaseux (Saint-Julien-en-Beauchêne, environs de Sisteron) que le facies tyrrhénien s'étend jusqu'aux Alpes françaises et suisses. On sait d'ailleurs que peu au delà, vers le N. O., commence à régner d'une ma-

---

[1] La faune des calcaires rouges à Ammonites de la Lombardie a été étudiée par MM. Meneghini et Stoppani.

[2] W. Kilian. *Description géologique* de la montagne de Lure (Ann. des n.. géol., t. XIX, XX). Gilliéron. *Matériaux pour la carte géologique suisse*, 12ᵉ livr., 1873; 18ᵉ livr., 1885.

nière uniforme le facies, classique pour nous, et plutôt littoral, de l'Europe septentrionale.

Ainsi la zone tyrrhénienne a bien son individualité ; ses rapports sont nombreux avec la zone alpine et s'accentuent encore à la fin de l'époque jurassique, mais il n'y en a pas moins là, des Apennins à l'Andalousie, une région qui a eu, on peut le dire, la même histoire pendant l'époque jurassique, et une histoire assez spéciale pour former au moins un chapitre à part dans celle de la province méditerranéenne [1]. Si nous insistons sur ce point, c'est pour faire ressortir une fois de plus l'étroite parenté qui existe entre les conditions de dépôt et les phénomènes orogéniques postérieurs.

M. Suess a montré, en effet [2], que les Apennins, les collines de la Sicile et du nord de l'Algérie et enfin les chaînes de l'Andalousie présentent dans leur structure une série de rapports intimes et forment une ligne sinueuse de plissements homologues, dont la continuité est à peine masquée par les détroits interposés. Ce serait en somme une même chaîne, dans le sens géologique du mot, qui, avec des hauteurs très diverses, se déroulerait des bords du Guadalquivir au nord de l'Italie ; la manière dont elle se raccorde avec les Alpes est encore assez obscure.

L'emplacement de cette chaîne correspond exactement à la zone tyrrhénienne, telle que nous venons de la suivre et de l'étudier ; il était donc marqué à l'avance, dès l'époque jurassique, par un « géosynclinal » où les conditions et les modifications des dépôts ont été les mêmes jusqu'à la fin du néocomien.

Nous terminons ce chapitre par un tableau donnant la correspondance des couches de l'Andalousie avec celles des régions voisines.

[1] Nous rappellerons que M. Marcou admettait déjà (1858) l'existence d'une province hispano-alpine. — [2] *Das Antlitz der Erde*, t. I, p. 303.

| PROVINCES DE GRENADE ET DE MALAGA. | | RÉGIONS DIVERSES. |
|---|---|---|
| (??) Couches à *Ananchytes* de Montefrio. | | Sénonien (?) |
| (?) Calcaire saccharoïde de Cabra. Calcaire à silex. | | Urgonien (?) [Aptien (?).] |
| Marno-calcaires d'Illora et de Carcabuey : *Am. cassidoides, Am. difficilis, Am. semistriatus, Am. quinquesulcatus.* | | Couches à *Sc. Yvani* de Provence, des Baléares, Wernsdorferschichten, barrêmien. |
| Marno-calc.<sup>res</sup> de Loja et marnes à Ammonites pyriteuses : *Am. Astieri, Am. Grasi, Am. quadrisulcatus, Am. Calypso, Am. neocomiensis, Am. infundibulum, Bel. latus.* | Schistes rouges à *Aptychus Mortilleti, Apt. Dydayi, Apt. Seranonis*, etc. | Néocomien inférieur de Provence, des Voirons, des Baléares, d'Algérie, biancone, majolica, Felsenkalk, calcaire rupestre, Stollbergschichten, Strambacherschichten, Rossfeldschichten, Neocompatychenkalk, des Alpes orientales et de l'Italie. |
| Brèche à éléments roulés (?). Tithonique supérieur (Fuente de los Frailes) : *Am. Kochi, Am. ptychoicus, Am. Calisto, Am. Chaperi, Am. Malbosi, Am. Neyreli, Pygope diphya, P. janitor, Metaporhinus transversus, Hemicidaris Zignoi*, etc. Tithonique inférieur : *Am. transitorius, Am. ptychoicus* (= *semisulcatus*)*, Am. municipalis, Am. Liebigi, Am. geron, Am. volanensis, Am. longispinus, Am. colubrinus, Am. Loryi, Pyg. diphya, Pyg. janitor*, etc. | | Brèches des Basses-Alpes, de la Drôme, de Chomérac, etc. (et calcaire de Berrias?). Tithonique de Stramberg, de Lémenc, de la Porte-de-France, du Véronais, des Sette Communi, de l'Algérie et de la Sicile. Klippenkalk et Diphyakalk du Tyrol, de l'Apennin, des Karpathes, des Alpes bavaroises et suisses. Calcaire bréchoïde des chaînes subalpines. |
| Couches du Torcal à *Am. Loryi, Am.* cf. *agrigentinus, Am. hommalis, Am. saxoniens, Am. Fouquei.* | Oolithe et calcaires blancs. *Hemicidaris crenularis.* | Couches à *Am. acanthicus* des Carpathes, du Tyrol, du Véronais, des Basses-Alpes. Schistes à *Aptychus* de l'Apennin central, couches à *Am. acanthicus* des Alpes fribourgeoises, etc. |
| Calcaires divers (*Am. bimammatus* [Cabra], *Am. perarmatus* [Torcal]). | | Calcaire concrétionné et noduleux à *Am. bimammatus* des Alpes fribourgeoises et des Basses-Alpes (Chabrières, S<sup>t</sup>-Geniez, etc.). |
| Couches d'El Chorro à *Heligmus polytypus, Rhynch.* cf. *varians, Ter. circumdata.* | | Couches de Klaus; couches à *Posid. alpina* du Tyrol, de Cesareda (Portugal), de Vérone. |
| Calcaires à *Am. Humphriesi.* Calc. à *Am. Murchisonæ, Posidonomya alpina.* | | Couches du cap San Vigilio, bajocien-bathonien des Basses-Alpes, couches des Alpes bernoises à *Posid. alpina* et *Am. Murchisonæ.* |
| Lias supérieur, marno-calcaires : *Am. Levisoni, bifrons, subplanatus, insignis, subnilsoni, Mercati, communis, crassus*, etc. | | Lias supérieur d'Adneth, Algäuschiefer, d'Erba, de l'Apennin, de Monticelli, de l'Aveyron. |
| Marno-calcaires à *Pygope erbaensis, Am. algovianus, Am. Bertrandi* var. cf. *retrorsicata, Am. tarlensis.* Couches à *Pyg. Aspasia, Spir. rostrata*, calcaires à Entroques et à *Am. cylindricus, Am. ceras*, etc. | | Couches à *Am. algovianus* de Sicile, de l'Apennin, de Gap, medolo de la Lombardie, couches à *Pyg. Aspasia* de Sicile et des Alpes, couches d'Adneth, d'Hierlatz et Fleckenmergel (p. parte), calcaires à Entroques des Alpes orientales. |
| Dolomies, cargneules, marnes vertes (lias inférieur et infralias). | | Infralias de la Provence. |
| SUBSTRATUM. — Trias supérieur : *Gervillia præcursor, Myophoria vestita, Natica gregaria.* | | Trias supérieur. |

## D. TERRAIN ÉOCÈNE.

*Historique.* — Les assises nummulitiques de l'Andalousie ont été depuis longtemps signalées. En 1857, Ansted étudia aux environs de Malaga les dépôts éocènes et mentionna un calcaire oolithique à la base du système. Plus tard de Verneuil et Collomb ont fourni d'utiles renseignements sur l'éocène du midi de l'Espagne, et c'est d'après leurs indications et leurs récoltes de fossiles que d'Archiac put donner, dans son *Histoire des progrès de la géologie,* une description du nummulitique de l'Andalousie.

### Description des couches.

Les îlots montagneux, comme les appelle d'Archiac, qui forment les sierras jurassiques de la région dont nous nous occupons, sont entourés par des couches nummulitiques plissées, au milieu desquelles ils émergent comme des récifs. Quelquefois l'éocène affecte un caractère littoral au voisinage de ces îlots, dont les roches sont souvent perforées par des Lithophages (col de Zaffaraya).

La ressemblance qu'offrent, avec le trias, certains bancs du nummulitique, a été signalée avec raison par de Verneuil. En effet, l'on remarque dans la composition de ce terrain, à côté de grès à Nummulites, de calcaires, de marbres blancs à Alvéolines, une suite de dépôts argileux de couleur généralement lie de vin qui peuvent très facilement être confondus avec les marnes irisées du trias. En certain point, des grès quartzeux d'un brun rougeâtre complètent encore cette ressemblance. Ces dépôts, généralement très argileux, retiennent les eaux d'infiltration à leur surface; aussi la présence du nummulitique se trahit-elle presque toujours par de nombreuses sources et par la nature boueuse du sol.

En résumé : marnes multicolores plus ou moins durcies, marnes grises, calcaires marbres, grès grisâtres à Nummulites, grès siliceux bruns, et, au voisinage des sierras, conglomérats littoraux, tels sont les éléments qui composent habituellement l'éocène des provinces de Grenade et de Malaga. Notons aussi qu'on a signalé du gypse dans les couches nummulitiques.

Les assises nummulitiques paraissent s'étendre fort avant dans l'intérieur du pays (jusque près d'Andujar); elles sont développées dans la serrania de Ronda et, à l'est, dans les provinces de Murcie, d'Alicante, et aux Baléares. Dans notre champ d'étude, elles forment une bande méridionale le long du littoral, puis une seconde au nord qui masque, d'El Chorro à Alcaucin, le contact de la zone ancienne et des chaînes secondaires; les dépôts de cette bande se continuent à travers toutes les dépressions des sierras jurassiques et s'étendent en vastes affleurements sur le flanc septentrional de la zone plissée, de Gobantes à Antequera, Archidona et Montefrio. D'après M. Gonzalo y Tarin, ils atteignent au puerto del Hornillo l'altitude de 1,680 mètres.

Une discordance importante sépare l'éocène du jurassique et du crétacé. Ces derniers terrains ont subi, avant le dépôt des couches nummulitiques, une première série de plissements et de dislocations assez énergiques même pour qu'en plusieurs points ils aient formé des îles émergeant du sein de la mer éocène. Le nummulitique repose d'ailleurs indifféremment sur les phyllades anciennes, le trias, le jurassique ou le crétacé.

De nouveaux et violents mouvements du sol ont suivi le dépôt des couches nummulitiques, qui sont en général fortement plissées et séparées par une nouvelle discordance de la molasse helvétienne.

*Bande septentrionale.* — Le nummulitique est très développé aux alentours de la venta d'Alfarnate, sous forme de marnes durcies blanches et jaunâtres et de grès bruns très quartzeux. Un peu au S. O. de ce point, en suivant la route jusqu'à la maison des cantonniers (Peones Camineros), où l'on trouve des blocs éboulés de lumachelle à Nummulites, et en se dirigeant à l'ouest vers les collines ondulées qui bordent la sierra jurassique, on peut y observer la série à peu près complète des assises de l'étage, tel du moins qu'il nous a paru constitué dans la région.

Les couches sont très contournées et forment jusqu'à cinq petits plis synclinaux successifs; mais un ravin qui traverse la ligne des collines permet d'embrasser l'ensemble de la coupe (fig. 9) et de suivre sans ambiguïté l'ordre et la succession des assises. A la base, des conglomérats indiquent la proximité du rivage; au-dessus, se développe le système des marnes rouges, des calcaires marneux et des grès brunâtres, qui forment les affleurements étendus de la plaine; les calcaires marneux s'intercalent dans les marnes rouges en petits bancs minces, nombreux et bien lités; nous n'y avons pas rencontré de fossiles. Puis viennent des grès calcarifères assez puissants, à grain fin, d'un gris brunâtre; ils renferment de petites Nummulites; vers le haut, ces grès deviennent de plus en plus calcaires et les Nummulites y forment de véritables lumachelles.

Fig. 9. — Coupe relevée au nord du cortijo Magdalena.

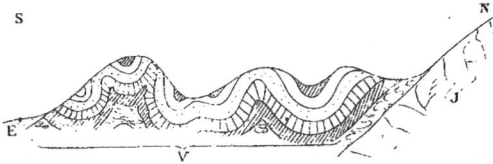

E. Éboulis. ··· J. Calcaire jurassique. — V. Nummulitique fortement plissé.

Il y a dans ces grès quelques petites lentilles de marnes vertes. Nous y avons recueilli des restes de Pentacrines et de dents de Squales (*Lamna*). Enfin, dans le fond des synclinaux, on trouve des marnes durcies, gréseuses, violacées, renfermant des fossiles avec leur test (Bivalves, Gastéropodes mal conservés) et des dents de Squales. Ces marnes forment là la partie supérieure, non recouverte, du nummulitique; nous n'avons pu reconnaître avec certitude ce niveau dans les autres affleurements. Les conglomérats de la base se retrouvent en plusieurs points, au nord d'El Valle d'Abdalajis, près d'Alfarnate, et du Guaro à Alcaucin, au pied de la sierra jurassique de Zaffaraya. Il y a là notamment une véritable brèche de rivage; le rocher lui-même est perforé par des Mollusques et présente des traces nombreuses de Spongiaires perforants (*Vioa*).

La série des marnes rouges est la plus développée et forme la plus grande partie des affleurements; on y retrouve, notamment au Guaro, des bancs de conglomérats intercalés. La composition en est partout assez uniforme; nous y signalerons pourtant comme particularité locale la présence de blocs à oolithes siliceuses, qui se mêlent aux débris de l'étage, grès et marnes durcies, soit près d'Alfarnate, soit dans la dépression qui suit la route de Loja à la venta de los Alazores. De plus, entre Alcaucin et Periana, nous y avons trouvé des cristaux de gypse. Cette série présente dans son ensemble une grande analogie avec le flysch; les rares empreintes que nous y avons observées sont de nature à confirmer ce rapprochement; ce sont des écailles de Poissons, des Fucoïdes (près des bains de Vilo) et de grands *Cancellophycus*. Ces derniers abondent sur le sol et dans les murs des champs, entre Villanueva del Rosario et Villanueva del Trabuco; mais nous avons pu aussi les retrouver en place, vers le haut du col que franchit la Vila Carretera, au sud d'Antequera.

Les grès supérieurs à Nummulites présentent des affleurements moins étendus, mais encore assez nombreux; nous citerons ceux de Villanueva del Rosario, de las Perdrices, du pied N. O. du peñon de los Enamorados, près d'Archidona, de los Busques, etc.

Entre la venta de los Alazores et le bassin d'Alfarnate, dans les talus de la route, les Nummulites abondent au milieu de marnes grises, où nous avons également recueilli des *Aptychus*, probablement charriés.

Plusieurs auteurs, notamment M. Silvertop, ont signalé la présence du nummulitique à *Pecten reconditus* (?) entre Alhama et Loja, près de Salar. Nous n'avons rien vu de ce genre en cet endroit.

Le nummulitique à *Serpula spirulæa* a été signalé à Montefrio par Silvertop et, en 1869, par de Verneuil et Collomb. Nous avons retrouvé cet affleurement, qui est le plus riche en fossiles de notre région. Le gisement se trouve à l'est de la ville, **au bord d'un ruisseau, au lieu dit Huertezuela**; le nummulitique, très développé, pend au S. O. et est constitué par des marnes grises à grandes et petites Nummulites. On y voit aussi des marnes rouges intercalées et des bancs de calcaire formant une lumachelle de Nummulites de diverses grandeurs. Ces bancs affleurent jusqu'auprès de la ville de Montefrio, où ils vont s'enfoncer sous la molasse helvétienne. Nous y avons recueilli :

> *Serpula spirulæa* Lam.
> *Assilina* sp.
> *Orbitoïdes* sp.
> *Nummulites* sp.

Les marnes grises à Nummulites affleurent aussi non loin de la venta de Handar, sur la route de Grenade à Jaen. Elles sont accompagnées d'un grès jaunâtre et d'un banc de conglomérat calcaire (à Nummulites).

M. Munier-Chalmas, qui a eu l'obligeance d'examiner les Nummulites recueillies par nous, n'y a reconnu que des espèces de l'éocène moyen.

*Bande littorale.* — Le terrain nummulitique a été signalé aux environs de Malaga par tous les auteurs qui ont visité le pays. A l'est de la ville, on peut constater tout le long de la côte l'existence d'une suite de rochers blancs formant, plus ou moins près du rivage, de pittoresques mais arides escarpements. En examinant de près ces roches dans les endroits où elles ne sont pas recouvertes par un manteau de tufs et de brèches plistocènes, on voit qu'elles sont constituées par un calcaire blanc, marmoréen, très dur, à cassure esquilleuse, devenant en quelques points oolithique. On ne tarde pas à y rencontrer des sections d'Alvéolines qui permettent de déterminer son âge.

A l'est du Palo et non loin d'une maison isolée qui porte le

nom de cortijo de Cantal, les abords de l'ancienne route permettent de relever les coupes représentées par les figures 10, 11
et 12.

Fig. 10. — Coupe relevée à l'est du Palo.

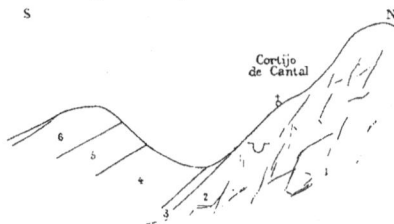

1. Calcaire blanc jurassique.
2. Calcaire à faciès tithonique sans fossiles ( ∪ carrière).
3. Marnes rouges crétacées plissées.
4. Marnes grises à test de fossiles et Fora-miniféres.
5. Grès grossier blanchâtre à Nummulites.
6. Calcaire blanc à Nummulites.

Fig. 11. — Coupe relevée un peu à l'ouest de la précédente.

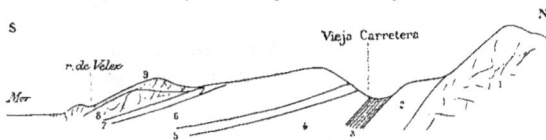

1. Calcaire blanc jurassique.
2. Tithonique (calcaire rose bréchoïde).
3. Marnes rouges et blanches feuilletées et plissées.
4. Marnes grises à Foraminifères.
5. Grès grossier à grains de quartz et à Nummulites.
6. Calcaire blanc à Nummulites avec parties oolithiques.
7. Grès fin et marnes durcies à Nummulites (pendage S. E.).
8. Calcaire blanc cristallin à taches bleuâtres et oolithes blanches.
9. Brèche superficielle.

Contre les calcaires jurassiques, qui sont recouverts par une
couche mince de marnes rouges et blanches feuilletées que nous
croyons pouvoir rapporter au néocomien, s'appuient les assises
nummulitiques constituées à la base par des marnes grises violacées, remplies de Foraminifères; ces marnes renferment aussi des
débris de test de Bivalves indéterminables. Au-dessus viennent
des grès grossiers à grains de quartz et à Nummulites, avec Gas-

téropodes (*Cerithium?*), puis des assises de marbre blanc pétri d'Alvéolines. Ces marbres, souvent oolithiques, forment le long de la côte une bande continue jusque près de Malaga. Nous y avons

Fig. 12. — Coupe relevée à l'est des précédentes.

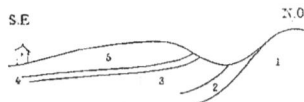

1. Tithonique et calcaire blanc.
2. Marnes rouges durcies à galets jurassiques et grains de quartz.
3. Marnes grises du nummulitique.

4. Grès grossier tendre de couleur blanchâtre avec Nummulites et Gastéropodes.
5. Calcaire marbre blanc à Nummulites (pendage S. E.).

observé en un point des intercalations de grès brunâtres très fins et de marnes durcies gris-clair renfermant quelques Nummulites.

Le nummulitique de la côte est en discordance avec les terrains plus anciens.

Près de Rincon de la Victoria, les calcaires blancs à nombreuses Alvéolines s'observent le long de la route de Torre del Mar. Enfin la montagne qui supporte le château de Velez Malaga est couronnée (fig. 1, p. 397) par une assise de calcaires oolithiques par places, en tout point semblables aux précédents, et que nous croyons impossible de ne pas attribuer au nummulitique [1].

On voit par ces quelques observations que l'éocène est représenté sur le littoral méditerranéen; ce sont des marbres blancs, souvent finement oolithiques, à veines spathiques; ils s'observent à l'est de Malaga, près de Rincon de la Victoria et au château de Velez Malaga (dans la cour de la Fortalesa); ils reposent au cortijo de Cantal sur des grès quartzeux à Nummulites et Gastéropodes [2] associés à des marnes violacées.

[1] Pour MM. Taramelli et Mercalli, les calcaires du château de Velez appartiendraient au lias inférieur.

[2] Il serait fort désirable qu'on s'occupât de rechercher ces Gastéropodes, dont la détermination serait d'un grand intérêt; n'ayant pu rester longtemps sur les lieux, nous n'avons pas réussi à rencontrer des exemplaires assez bien conservés pour pouvoir être déterminés.

13.

*Résumé.* — Le type de la bande septentrionale nous a montré (coupe du cortijo de Magdalena) :

a. A la base des grès bruns, des marnes multicolores.
b. Des calcaires et des grès calcaires à Nummulites.
c. Le tout est couronné par des marnes violacées à Foraminifères qui paraissent renfermer une faune variée de Gastéropodes et de Bivalves.

A Montefrio, la couche (*b*) est représentée par des marnes à *Serpula spirulæa*, Orbitoïdes, Assilines et Nummulites (éocène moyen).

Le type du littoral présente :

a. Des marnes violacées à Foraminifères, Bivalves, etc.
b. Des grès quartzeux à Gastéropodes et Nummulites.
c. De puissants calcaires blancs à Alvéolines.

Si les marnes (*c*) du type septentrional sont, comme elles semblent l'être en effet, l'équivalent des marnes (*a*) de la bande littorale, les calcaires à Alvéolines constitueraient le sommet du terrain nummulitique des provinces de Grenade et de Malaga.

### Liste des espèces recueillies dans le nummulitique des provinces de Grenade et de Malaga.

Écailles de poissons et dent de **Lamna**. N. du cortijo de la Magdalena.
**Serpula spirulæa** Lam. Montefrio.
**Gastéropodes** divers. N. du cortijo de la Magdalena, cortijo de la Magdalena.
**Bivalves** indét. Même provenance.
**Pentacrinus sp.** N. du cortijo de la Magdalena.
**Vioa sp.** (perforations). N. de Guaro.
**Orbitoïdes sp.** Montefrio.
**Assilina sp.** Montefrio.
**Nummulites.** Espèces diverses. Partout.
**Alveolina sp.** Abondantes dans la zone littorale.
**Fucoïdes et Cancellophycus.** Environs de Villanueva del Rosario, Baños de Vilo.

On peut voir en outre, dans la collection de Verneuil, des Num-mulites déterminées ainsi qu'il suit :

> **Nummulites lucasana** Defr. de Montefrio.
> —— **Ramondi** Defr. de Montefrio.
> —— **granulosa** d'Arch. de Montefrio et d'Iznajar.
> —— **placentula** Desh. de Montefrio.
> —— **perforata** d'Orb. de Montefrio et d'Iznajar.
> —— **Verneuili** d'Arch. de Montefrio.
> **Serpula spirulæa** Lam. de Montefrio.

Cette collection renferme également une Bélemnite recueillie dans les marnes à Nummulites de Montefrio.

MM. de Verneuil et Collomb citent dans le nummulitique :

> **Nummulites perforata** d'Orb., var. C. Environs de Grenade.
> —— **Ramondi** Defr. Environs de Malaga.
> —— **biarritzensis** d'Arch. Environs de Malaga.
> —— **spira** de Roissy. Environs de Malaga.

D'Archiac (*Histoire des progrès*, etc., t. III) donne une bonne des-cription de la bande nummulitique qui borde le littoral à l'est de Malaga; il y cite entre autres :

> **Nummulites Ramondi** Defr.
> —— **biarritzensis** d'Arch. var. **inflata** d'Arch.
> —— **biarritzensis** var. **moneta** Defr.
> —— **spira** de Roissy.
> **Operculina Boissyi** d'Arch.
> **Alveolina elliptica** d'Arch.
> **Biloculina** indét.

### E. — TERRAIN MIOCÈNE.

La base du terrain miocène n'est pas représentée en Andalousie. Au dépôt des assises nummulitiques paraît avoir succédé une pé-riode d'exhaussement, et les eaux n'envahirent ensuite la région qu'à l'époque du miocène moyen.

La mer miocène a laissé en Andalousie de nombreux témoins. Des lambeaux démantelés de molasse, espacés au nord de la chaîne bétique, montrent qu'il existait à l'époque de l'helvétien une communication entre la Méditerranée et l'Atlantique. Ce détroit était limité au nord par la sierra Morena et le plateau central de l'Espagne (Meseta), au sud par la sierra Nevada et ses prolongements vers l'est et vers l'ouest.

A ces dépôts franchement marins succèdent, près de Grenade, des formations d'abord littorales et détritiques, puis saumâtres, et le miocène se termine par une assise lacustre.

Trois grandes discordances se font remarquer : la première ayant précédé la formation de la molasse (celle-ci repose indifféremment sur les terrains secondaires, primaires, ou sur les assises du nummulitique[1]); la seconde, après le dépôt de la molasse, sépare ce terrain du tortonien; la troisième correspond au début de l'époque pliocène.

Nous étudierons donc successivement :

1° Le miocène moyen représenté par l'étage helvétien;

2° Le miocène supérieur constitué par les étages tortonien et messinien.

## 1. — Miocène moyen.

### ÉTAGE HELVÉTIEN.

*Historique.* — Dans son livre remarquable sur les bassins tertiaires du sud de l'Espagne, Silvertop (1834) signalait l'existence de dépôts marins près d'Antequera et de Grenade. Il mentionnait en même temps l'*Ostrea longirostris* Goldf. dans la première de ces localités. De Verneuil et Collomb (1853) ont attiré également l'attention sur les assises relevées du miocène marin des environs de Malaga.

Depuis, la molasse a été étudiée dans les provinces de Grenade

---

[1] Cette discordance a été signalée par de Verneuil.

et de Malaga par MM. Gonzalo y Tarin, de Orueta, von Drasche.
Malgré ces travaux, les renseignements que nous avions étaient
assez vagues et souvent contradictoires. M. von Drasche citait le
*Pecten Zitteli* miocène de l'helvétien d'Escuzar, d'autres rangeaient
la molasse dans le pliocène. La molasse de Montefrio, du tajo
d'Alhama, etc., était attribuée au pliocène par les membres de la
Commission espagnole, ainsi que les conglomérats et les gompho-
lites de la blockformation. Ils mentionnèrent cependant dans la
molasse : *Pecten opercularis, Pecten Zitteli, Ostrea crassissima,
Terebratula grandis*, espèces miocènes, avec le *Janira jacobæa* pliocène. Cette opinion a été suivie par les savants italiens qui ont
visité l'Andalousie ; MM. Taramelli et Mercalli attribuent au pliocène les calcaires à *Lithothamnium* et les conglomérats de la vallée
du Genil.

*Extension géographique.* — La mer helvétienne a certainement
occupé tout le bassin de Grenade ; mais il ne reste plus de ses dépôts que des lambeaux peu étendus, s'appuyant sur les roches anciennes ou jurassiques et formant comme une ceinture discontinue
autour du remplissage plus récent du bassin. Le voisinage du rivage est accusé par la nature même du dépôt et aussi par les va-
riations locales de la faune.

La molasse marine repose tantôt sur les terrains secondaires
(sur les calcaires triasiques à Talara, Albunuelas, Escuzar, Quentar, etc.; sur le jurassique à Alhama, Montefrio, Ventorillo de
Dona, etc.), tantôt sur les couches nummulitiques (Montefrio,
cortijo de las Perdrices, près Antequera). Au nord de Loja, elle
surmonte les marnes irisées. Les dépôts helvétiens sont généralement en discordance avec leur substratum, quel qu'il soit[1].

Ainsi que l'ont fait remarquer de Verneuil et Collomb, les
lambeaux de molasse, fortement inclinés, ont été portés à de
grandes hauteurs. Sur les flancs de la sierra Nevada, ils atteignent

[1] Cette discordance a été remarquée au Suspiro del Moro par M. Gonzalo y
Tarin.

une altitude de plus de 1,000 mètres. Au Pradon, ils s'élèvent jusqu'à 930 mètres.

Le fond du bassin lacustre d'Alhama est formé par la molasse; on la voit à Escuzar, à Agron, à Alhama, à Albunuelas, à Restabal, à Saleres, à Talara, près du Suspiro del Moro, non loin de Beznar, à Quentar, près de Dudar, à Alfacar. Au nord du Genil, on la retrouve en lambeaux plus ou moins étendus au Pradon, à la sierra Chanzar, à Montefrio; elle couronne les hauteurs d'Algarinejo et d'Alcala la Real. Vers l'est, elle existe à Antequera, au cortijo de las Perdrices, à Gobantes où elle occupe les sommets (près des tunnels nos 1 à 4) et jusque près de la station d'El Chorro. On la connaît également dans la serrania de Ronda, et elle se poursuit le long de la vallée du Guadalquivir, jusque près de Séville. M. Calderon nous a montré et communiqué une série de fossiles helvétiens (*Clypeaster altus*, *Cl. pyramidalis*, *Pecten gigas*, *Pect. Beudanti*, *Pect. Besseri*) de Gerena et de Villanueva, près de Séville. On sait du reste, d'après M. Macpherson, que l'helvétien à Clypéastres et *Ostrea crassissima* est bien développé dans la province de Séville.

D'après M. Cortazar, les couches à *Ostrea crassissima* se retrouvent dans la province d'Almeria, où l'on rencontre également des gypses miocènes. Ajoutons que M. G. Boehm nous a montré une série de fossiles helvétiens (*Ostrea crassissima*, *Ostrea* cf. *Velaini*, *Pecten*, *Panopæa Menardi*, *Terebratula grandis*) recueillis récemment par lui à la Carolina, près de Linares.

M. Mallada a suivi la molasse le long de la vallée du Guadalquivir jusque près de Jaen et de Verneuil en a depuis longtemps signalé la présence dans la province de Murcie.

C'est avec raison que de Verneuil et Collomb (1853) ont écrit que la sierra Nevada était émergée à l'époque miocène. En effet, quoique les assises miocènes montent assez haut sur le flanc nord de la chaîne bétique, elles font totalement défaut sur le versant sud; sur le littoral, le pliocène repose directement sur le nummulitique. A l'époque de la molasse helvétienne, ces parties n'étaient donc pas recouvertes par la mer, et le détroit de Gibraltar ne parait s'être ouvert qu'au début du pliocène.

### Description des couches.

En suivant les affleurements molassiques des bords du bassin, de l'ouest à l'est à partir de Loja, nous citerons d'abord celui d'Alhama qui donne, dans les ravins du Tajo, une bonne coupe facilement accessible sur 25 mètres de hauteur..En dehors des conglomérats littoraux et des brèches qui s'appuient contre l'îlot jurassique déjà cité et ne nous ont pas fourni de fossiles, on observe la coupe suivante :

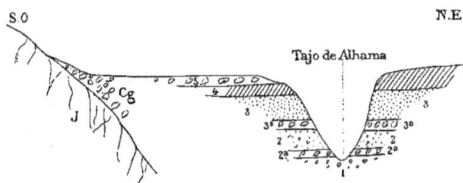

Fig. 13. — Coupe de l'helvétien d'Alhama.

J. Calcaire jurassique.

Cg. Conglomérats helvétiens (littoraux).

1. Molasse sableuse verdâtre.

2'. Conglomérat à blocs anguleux.

2. Molasse à *Spondylus crassicosta* et fragments de schistes anciens.

3'. Conglomérat à éléments roulés.

3. Calcaire grossier sableux à *Pecten scabriusculus*, *Cidaris avenionensis*, Térébratules, etc.

4. Calcaire grossier à Bryozoaires et *Lithothamnium*.

5. Conglomérat à petits éléments.

MM. Taramelli et Mercalli ont donné, dans leur mémoire, une vue très exacte de ce ravin.

Entre Alhama et Zaffaraya, au voisinage du cortijo Repicao, on trouve encore des bancs de molasse à *Cidaris avenionensis*, identiques à ceux d'Alhama et directement appuyés, au fond d'un synclinal, contre les calcaires jurassiques.

Entre Alhama et Jayena, le miocène supérieur, discordant et transgressif, a masqué tous les affleurements helvétiens. On les

14

retrouve dans le petit golfe d'Albunuelas, qu'ils ont rempli. Le che-·

Fig. 14. — Coupe des assises miocènes près d'Albunuelas.

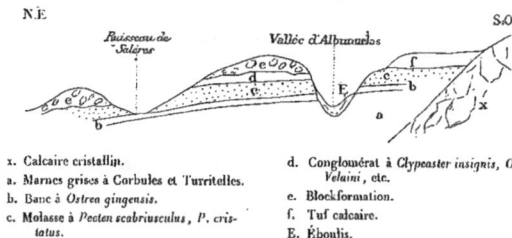

x. Calcaire cristallin.
a. Marnes grises à Corbules et Turritelles.
b. Banc à *Ostrea gingensis*.
c. Molasse à *Pecten scabriusculus*, *P. cristatus*.
d. Conglomérat à *Clypeaster insignis*, *Ostrea Velaini*, etc.
e. Blockformation.
f. Tuf calcaire.
E. Éboulis.

min d'Alhama à Albunuelas permet d'en reconnaître la composition :

1° A la base, près de Restabal, on trouve des marnes grises avec débris de fossiles;

2° Un banc d'Huîtres (*Ostrea gingensis, O. Maresi, O. Boblayei*) s'intercale à leur partie supérieure et se voit sur la rive droite de la rivière, le long de la berge, près de Restabal. Les Huîtres, toutes détachées, y sont accumulées en quantités considérables.

Viennent ensuite :

3° Calcaire sableux à *Pecten* et *Lithothamnium;*

4° Calcaire finement sableux, tendre, à *Pecten cristatus, Ostrea Offreti, Cardita, Fusus, Turbo, Nucula Mayeri*, etc. Ces couches très fossifères, mais renfermant des coquilles très fragiles, se présentent sur la rive droite, par suite d'un glissement local, en bancs fortement inclinés vers la rivière;

5° Sables et molasse pétrie de galets;

6° Sables fins gris à miches calcaires et *Mytilus;*

7° Conglomérat grossier pétri de grosses Huîtres (*Ostrea Velaini, O. chicaensis, O. Boblayei*). On y voit en outre : *Clypeaster insignis, Turritella biplicata, Perna* sp. (grande espèce), des Balanes, etc. Ce banc affleure au sommet du plateau qui sépare Restabal d'Albunuelas;

8° En trangression, sur toutes ces assises reposent des terres rouges avec bancs de cailloux roulés. Ces galets, encore un peu anguleux, forment de grandes accumulations au voisinage de Restabal et de Talara. Ils représentent, ainsi que nous le verrons plus loin, le tortonien.

Derrière la cure d'Albunuelas, on observe de haut en bas :

Tufs calcaires.

4. Conglomérats et calcaires grossiers à *Pecten scrabriusculus* var. *iberica*. (Abondant.)

3. Lumachelle d'*Ostrea gingensis*.

2. Marnes grises pétries d'*Ostrea gingensis*. Cette assise paraît correspondre au n° 2 de la coupe précédente; cela n'a rien d'étonnant malgré la différence de niveau des deux affleurements, car les couches ont une inclinaison sensible vers l'est.

1. Marnes grises à Turritelles et Corbules (*Corbula carinata* Duj.).

Fig. 15. — Coupe de l'helvétien à Albunuelas.

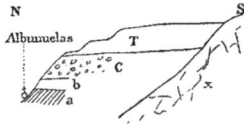

s. Calcaire cristallin.
a. Marnes grises à Turritelles et Corbules.
b. Banc d'*Ostrea gingensis*.

c. Molasse jaune grossière à *Pecten scabriusculus* var. *iberica*.
T. Tuf calcaire.

A l'entrée du petit golfe[1], dans les ravins qui entourent Murchas, on voit émerger au milieu des couches tertiaires, pour la plupart tortoniennes, de petits îlots de calcaires anciens et triasiques, contre lesquels se plaquent des lambeaux helvétiens, appliqués à leur pied, inclinés sur leurs pentes, et formant même par places une petite corniche, régulière et horizontale, à leur sommet. Les rapports stratigraphiques de ces pointements, qui nous mettent incontestablement en face de l'ancien fond de mer helvétien, sont intéressants à observer. La molasse y est très fossilifère, jaunâtre et grossièrement sableuse, mais avec prédominance fréquente de l'élément calcaire.

[1] MM. Taramelli et Mercalli citent au N. E. d'Albunuelas les espèces suivantes : *Turritella Archimedis*, *Arca diluvii*, *Pecten Reussi*, *Pecten substricatus*, *Ostrea digitalina*, *Ostrea cochlear*, *Isocardia subtransversa*.

14.

On y trouve de nombreux Bryozoaires et, en outre :

*Pecten scabriusculus* Math. (var. *talaraensis* et *Pecten præsca-briusculus* Font. var. *iberica*);

*Terebratula sinuosa* Brocchi var. *pedemontana* Lam., particulière-ment caractéristique;

*Ostrea Offreti* Kilian;

*Cidaris avenionensis* Desm.

Dans le massif de calcaires anciens (Peña del Aguila) qui sépare Albunuelas d'Escuzar, auprès de la venta de Padul, et le long du chemin qui la relie au village du même nom, on rencontre de nombreux lambeaux de calcaire helvétien à *Lithothamnium*, Huîtres et *Pecten*, plaqués sur les calcaires cristallins.

Des lambeaux analogues se voient également sur le bord du petit escarpement qui, de l'est à l'ouest, entre Padul et Agron, sert de limite au bassin tertiaire. L'indépendance de ces lambeaux et de la masse du remplissage du bassin est bien nette, même à distance; elle est surtout facile à constater à Escuzar, où cependant les précédents observateurs, sans doute faute de s'y être arrêtés suffisamment, étaient arrivés à des conclusions toutes différentes.

La molasse d'Escuzar est exploitée comme pierre de construc-tion; elle donne des matériaux estimés, avec lesquels a été con-struite la cathédrale de Grenade. M. von Drasche y a cité *Pecten Zitteli* Fuchs et *Pecten* cf. *acuticostatus* Sow. Elle est pétrie de Bryozoaires et de *Lithothamnium* (c'est le Lithothamnienkalk de M. von Drasche); nous y avons recueilli en abondance : *Pecten Zitteli* Fuchs, *P. scabriusculus* Math., *Lacazella (Thecidea) mediterranea* Risso sp., *Cidaris avenionensis* Desm. En s'avançant un peu au sud ou à l'ouest des carrières, on voit que cette molasse repose sur les calcaires anciens, par l'intermédiaire de bancs grossiers englobant des morceaux anguleux de calcaire cristallin et présentant de véritables lumachelles de grosses Huîtres (*Ostrea digitalina* Dub., *O. Velaini* Mun.-Ch.).

Les bancs offrent une notable inclinaison vers la plaine, c'est-à-dire vers le nord; en redescendant de ce côté, on trouve des couches importantes de gypse, sur lesquelles nous reviendrons, qui ont le même pendage vers le nord et qui se présentent par conséquent comme directement superposées à la molasse. Le contact même, il est vrai, n'est pas visible; mais, en suivant quelque temps la bordure, on voit le gypse s'appuyer sur les calcaires cristallins, sans intermédiaire de molasse. Cette disposition montre clairement que la formation gypseuse est plus récente que la molasse, et, de plus, qu'il y a au moins discordance de transgressivité entre les deux systèmes.

La coupe ci-jointe montre clairement ces rapports de stratification :

Fig. 16. — Coupe d'Escuzar.

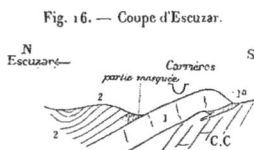

C C. Calcaire cristallin ancien.     1. Molasse à *Lithothamnium*.
1'. Conglomérat à Huitres ( *O. Velaini*, etc.).     2. Gypse messinien.

On voit que si, à distance, on peut être trompé par ce fait que les carrières de molasse sont *topographiquement* à un niveau plus élevé que le gypse, l'examen même des lieux ne laisse pas place à deux interprétations différentes.

Il serait intéressant, au point de vue de la discordance des deux systèmes, d'étudier le sommet Monterive ($910^m$) à l'est de la Malá. D'après le relief et l'aspect de la colline, elle semble composée de molasse helvétienne qui ferait ainsi saillie au milieu des assises gypseuses, mais nous n'avons pas eu le temps d'y monter.

MM. Bergeron, Michel Lévy et Barrois ont recueilli dans la molasse de la vallée du Genil, au delà de Piños : *Ostrea Velaini* et *Pecten* cf. *subbenedictus*.

En continuant à suivre vers le N. E. les bords du bassin tertiaire, on trouve encore la molasse s'élevant assez haut sur les flancs de la sierra Nevada.

Près de Quentar, dans la vallée des Aquas Blanquillas, à las Quebraduras, nous avons relevé la coupe suivante :

Fig. 17. — Coupe relevée à l'est de Quentar.

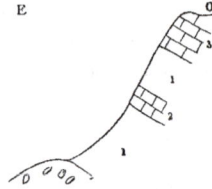

1. Marnes grises à gypse fibreux, en lits minces reposant sur des schistes et des calcaires cristallins noirâtres.
2. Bancs de calcaire lacustre intercalés dans (1).
3. Molasse calcaire grossière, avec *Pecten*, *Lithothamnium*, etc.

Le tout repose sur un pointement de schistes et calcaires cristallins noirâtres, que nous rapportons au trias.

Les bancs de molasse se sont en plusieurs points éboulés et ont glissé en gros blocs sur leur substratum marneux, jusque dans le village de Quentar.

La présence d'assises gypseuses et lacustres inférieures à la molasse est intéressante à noter; nous ne l'avons constatée que là et au Pradon, près de Loja. Il est clair que ce gypse, d'ailleurs facile à distinguer par son aspect, appartient à un tout autre système que celui d'Escuzar.

Nous terminerons la liste de ces affleurements du bord du bassin tertiaire par celui d'Alfacar, au nord de ce village, sur le sentier qui mène à Vanon. C'est un banc de grès grossiers, fortement incliné vers le sud, bien découvert, mais visible seulement sur quelques mètres carrés au milieu des marnes et des cailloutis discordants du tortonien. Nous y avons recueilli : *Pecten Celestini* Font., *P. Fuchsi* Font., *P. opercularis* L., *Ostrea Velaini* Kil., *O. digitalina* Dub., *O. chicaensis* Kil., *O. Offreti* Kil. et des fragments de Clypéastres.

On peut encore considérer comme indiquant à très peu près la place de l'ancien rivage helvétien les affleurements d'Antequera [1] et d'El Chorro, dont la base est formée par des conglomérats à galets volumineux. Celui d'Antequera, au pied du Torcal, nous a fourni l'*Ostrea crassissima* de grande taille et l'*Ostrea gingensis*. A la sortie d'Antequera, vers Archidona, l'on observe des affleurements de molasse présentant un exemple superbe de stratification entre-croisée.

Les autres lambeaux de molasse marqués sur notre carte, entre Bobadilla et Antequera, au Pradon, à la sierra Chanzar, à Algarinejo, à Montefrio, ne montrent plus des caractères de rivage aussi accusés et font partie de cette série déjà mentionnée qui se prolonge à l'est et à l'ouest, et a permis à de Verneuil de rétablir la place de l'ancienne communication marine entre l'Atlantique et la Méditerranée.

Celui du Pradon est remarquable par la présence de bancs gypseux à la base. Entre le Pradon et Loja, la molasse à Bryozoaires,

Fig. 18. — Coupe relevée au N. E. de Loja.

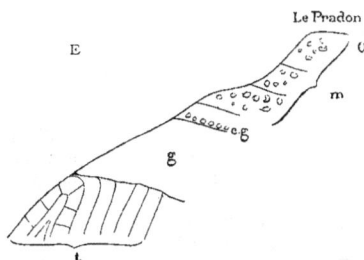

t. Trias. — m. Molasse helvétienne. — cg. Lit de cailloux roulés
avec fossiles crétacés remaniés. — g. Marnes et gypse.

à dents de Squales et à *Pecten præscabriusculus*, recouvre directement le trias fortement contourné. Mais un peu plus au nord, dans le petit cirque de vallons qui accidente la pente est du

[1] Signalés par M. Silvertop, qui y a rencontré *Ostrea longirostris* Goldf.

Pradon, on peut observer une série de marnes grises, rouges et vertes, gypsifères, à peu près horizontales et supportant en concordance les gros bancs à *Pecten præscabriusculus* du sommet. Immédiatement au-dessous de ces gros bancs, les marnes verdâtres renferment des lits de cailloux roulés, avec fragments d'Ammonites, de Bélemnites (*Duvalia*) et plaquettes couvertes d'*Aptychus*, arrachées au néocomien. L'ensemble de ces assises marneuses dépasse 5o mètres d'épaisseur; elles occupent exactement la même place que les marnes à gypse de Quentar. Les fragments et les galets néocomiens qui se sont amassés à leur sommet témoignent des dénudations qui se sont produites dans la contrée lors de la nouvelle invasion de la mer miocène.

Fig. 19. — Coupe relevée à Montefrio.

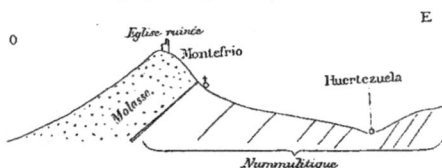

A Montefrio enfin, la molasse nous a fourni quelques espèces [1] spéciales. Dans les bancs fortement inclinés qui supportent l'église ruinée et une partie de la ville, nous avons trouvé :

> *Pecten præscabriusculus* Font.
> —— (voisin de *scabriusculus*).
> —— *Tournali* de Serres.
> —— *Holgeri* Gein.
> *Terebratula Sowerbyana* Nyst.
> —— *sinuosa* Brocchi.
> *Cidaris avenionensis* Desm.

Sur le chemin d'Illora, après quelques conglomérats qui forment

[1] M. Gonzalo y Tarin cite le *Pecten opercularis* dans le miocène de Montefrio.

la base et reposent sur le nummulitique, on trouve une molasse
sableuse, bien litée, plongeant sous de gros bancs à *Pecten* et à
Bryozoaires qui forment corniche au sommet des coteaux et renferment :

> *Panopœa* cf. *Menardi* Desh.
> *Ostrea Velaini* Mun.-Ch.
> —— *chicaensis* Mun.-Ch.
> —— *digitalina* Dubois.

*Résumé.* — Les affleurements helvétiens, par leur dissémination,
donnent la preuve des profondes dénudations qui ont suivi leur
dépôt. Ceux du sud semblent dessiner à très peu près l'ancienne
ligne de rivage.

Ils correspondent, comme nous le verrons, à une période d'im-
mersion relativement courte; cette période a été précédée par le
remplissage de quelques bassins isolés (Quentar, Pradon). Dans
les dépôts franchement marins, nous constatons de petites différences locales de la faune, mais sans pouvoir y suivre ni préciser
de zones distinctes. Les bancs à grandes Huîtres semblent pourtant
généralement inférieurs aux gros bancs à *Pecten prœscabriusculus.*

## 2. — Miocène supérieur.

### ÉTAGES TORTONIEN ET SARMATIQUE.

En dehors des lambeaux molassiques, le remplissage du bassin
tertiaire de Grenade est formé par un immense entassement de
cailloux plus ou moins roulés (blockformation de M. von Drasche),
surtout développé sur les bords, et par des couches gypseuses
dépassant 200 mètres d'épaisseur au centre du bassin. Ce système,
dont les termes ont été attribués aux étages les plus divers, depuis
le trias jusqu'au quaternaire, appartient tout entier au miocène
supérieur.

Les assises caillouteuses de la base, dont nous nous occuperons d'abord, s'élèvent à des altitudes considérables et sont fréquemment relevées, surtout vers les bords du bassin; près de Tablate, de nombreuses failles de tassement les traversent et ont produit une série de faibles dénivellations, ne dépassant pas un à deux mètres.

Il est ainsi évident, dès les premières observations, que ces couches ont été soumises depuis leur dépôt à des mouvements importants. Les rapports de position avec les étages antérieurs, et spécialement avec la molasse, sont plus difficiles à reconnaître; c'est dans la vallée des Aguas Blanquillas, près de Grenade, que nous avons pu pour la première fois les constater avec certitude. Nous devons la connaissance de cette coupe à M. Guillemin-Tarayre, qui a bien voulu nous conduire lui-même sur les lieux.

En remontant la vallée du Genil et du rio Aguas Blancas, on reste constamment dans la blockformation, c'est-à-dire dans des lits de blocs peu roulés et souvent très volumineux, empruntés à la sierra Nevada; on y voit des intercalations argileuses et sableuses de couleur grise. Les bancs sont diversement relevés.

A Quentar, on voit apparaître la molasse helvétienne avec les marnes gypsifères de la base du miocène.

En revenant de Quentar vers Grenade, nous avons suivi le nouveau canal d'amenée des eaux à la mine d'or; les coupes fraîches de ce canal nous ont permis de faire les observations suivantes : après avoir suivi quelque temps les marnes à gypse, nous traversons la molasse inclinée vers le S. O.; puis nous arrivons à des couches discordantes avec cette molasse : ce sont d'abord des amas de cailloux roulés contenant des fragments de molasse, avec limon et fragments de *Pecten;* un peu plus loin, ce sont des marnes bleues micacées remplies de *Dentalium Bouei.* Ces marnes renferment aussi le *Ceratotrochus multispinosus* de Tortone, des Bivalves et des Polypiers (altitude : 950 mètres). Elles vont plonger sous une formation de galets anguleux entremêlés de limon et contenant des Huîtres (*Ostrea lamellosa*).

D'après M. Dron, ingénieur de l'entreprise dirigée par M. Guillemin-Tarayre, on rencontre dans la formation caillouteuse plusieurs bancs de ces marnes bleues fossilifères : l'un de ces bancs est, paraît-il, argentifère. Près du siphon installé par M. Guillemin-Tarayre, nous trouvons un affleurement de ces marnes; elles sont intercalées dans les conglomérats et contiennent : *Pecten cristatus*, *Nucula placentina*, *Terebra fuscata*, *Ancillaria neglecta*, *Chenopus pes graculi*, *Dentalium Bouei*. C'est au même point, un peu au-dessus des marnes, que nous avons rencontré l'*Ostrea lamellosa*.

Des falaises de molasse miocène dominent au nord et au nord-est le golfe rempli par la blockformation (voir la coupe fig. 20). Les conglomérats se sont donc déposés dans une cuvette creusée dans la molasse.

Fig. 20.

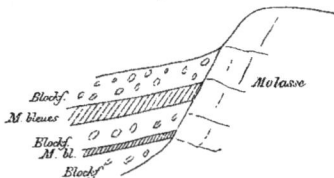

D'après les indications très précises de M. Dron, cette discordance se retrouve avec la même netteté dans les hautes vallées du Genil et des Aguas Blancas.

Fig. 21. — Coupe relevée entre Quentar et Dudar.

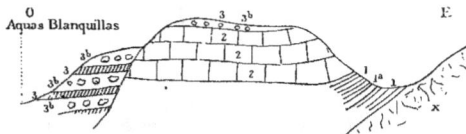

1. Calcaire noirâtre cristallin (trias?).
1. Marnes à gypse.
1'. Calcaire lacustre.
2. Molasse à Bryozaires, *Pecten*, etc.

3. Marnes tortoniennes (*Dentalium Bouei*),
  sableuses.
3ᵇ. Conglomérats alternant avec ces marnes
  (blockformation).

Il résulte de ces faits :

1° Que les caillouis sont en discordance avec l'helvétien;

2° Qu'ils appartiennent au tortonien.

La faune des marnes de Quentar est en effet composée d'espèces tortoniennes; le *Dentalium Bouei* [1], si abondant ici, est caractéristique du Tegel de Baden, près de Vienne. On ne trouve, dans ces marnes, aucune espèce franchement pliocène, quoique plusieurs des formes citées remontent dans le plaisancien d'autres régions. (Pour plus de détails, voir le mémoire paléontologique annexé à ce travail.)

C'est également à ce système que nous rattachons la Guadix-formation et l'Alhambraconglomerat de M. von Drasche, qui ne nous semblent se distinguer de la blockformation que par le moindre volume ou par l'origine différente des éléments. Nous nous séparons ainsi complètement des opinions antérieurement admises. Les conglomérats de l'Alhambra sont considérés par Hausmann comme postérieurs aux dernières dislocations qui se sont manifestées dans la région. M. von Drasche indique, entre eux et les caillouis de la blockformation, une discordance que nous n'avons pas retrouvée. Les ingénieurs espagnols en font du quaternaire, et M. Guillemin-Tarayre [2] les qualifie de postpliocènes.

De même, les puissantes masses caillouteuses qui, sur une largeur de plusieurs kilomètres, bordent au nord et au sud, en aval de Grenade, la vallée du Genil (Guadixformation de M. von Drasche), sont, sur les cartes antérieures, attribuées au quaternaire. Celles de la route de Motril en sont la continuation et ont pu, par conséquent, recevoir la même attribution [3]. Là, il est vrai, si l'on peut invoquer dans ce sens la ressemblance avec des alluvions dilu-

[1] M. Silvertop fait mention en 1834 de quelques coquilles rencontrées dans ces conglomérats : *Cardita squamosa* var., *Dentalium Bouei*, *Turritella subangulata*, *Caryophyllia*. M. von Drasche y a recueilli des *Pecten* qu'il rapproche de ceux de Schio.

[2] *Comptes rendus Acad. des sc.*, 11 mai 1885.

[3] Ces conglomérats sont très développés à l'est du côté de Guadix; M. von Drasche les a désignés sous le nom de Guadixformation, sans se prononcer sur leur âge.

viennes, on ne peut plus s'appuyer sur l'horizontalité des couches, qui sont, au contraire, fortement ondulées. Aussi M. de Botella en a-t-il conclu [1] que le sol de l'Andalousie avait subi des mouvements considérables à l'époque quaternaire.

Nous sommes arrivés à une conclusion toute différente : tous ces cailloutis ou toutes ces alluvions, si on veut leur conserver ce nom, datent du miocène supérieur, et la plus grande partie au moins s'en est déposée sous les eaux de la mer.

Les preuves sont les suivantes :

Il y a continuité absolue entre les conglomérats de la vallée des Aquas Blanquillas, avec leurs intercalations marneuses à faune tortonienne, et les masses caillouteuses que traverse la route de Grenade à Diezma; au nord d'Alfacar, ces dernières s'enfoncent très nettement sous des marnes gypseuses fossilifères. (Voir plus loin.)

C'est la même série qui se continue sans interruption au nord du Genil, sans autre différence que la nature des cailloux roulés qui la composent : à l'est de la gare d'Illora, on y voit intercalée une masse de bancs calcaires de près de 20 mètres d'épaisseur, uniquement formée de Polypiers.

Fig. 22. — Coupe des tranchées du chemin de fer près de la gare d'Illora.

Tranchée      d'Illora

1. Cailloutis.
2. Brèche plus cimentée.
3. Bancs sableux, avec lits et rognons de grès (20 m.).
4. Masse calcaire entièrement formée de Polypiers.
5. Cailloux du Genil (discordants) qua- ternaires, de toute provenance, mais surtout jurassiques.

La tranchée ne permet pas, il est vrai, d'observer la suite de la

[1] *Comptes rendus Acad. des sc.*, t. C, n° 3, 1885.

coupe; mais, dans les champs plus à l'est, on retrouve des cailloutis analogues à (1).

Les cailloutis de l'autre rive du Genil s'enfoncent près de Gabia la Grande sous les assises gypseuses, et nous avons trouvé, près de Beznar, des valves d'Huîtres collées sur des galets de cette formation, dans les talus de la route de Motril. Enfin, au nord d'Illora, nous avons également observé, au contact de la blockformation et des calcaires jurassiques, des traces incontestables de perforations marines.

Ainsi toutes ces couches d'apparence alluviale sont reliées intimement entre elles par une série de caractères communs : leur discordance avec la molasse helvétienne, leur antériorité au système gypseux, les fortes ondulations de leurs bancs et les intercalations marines qu'elles contiennent. Si nous n'avons pu déterminer directement l'âge des Polypiers d'Illora et des Huîtres de Beznar, la faune des Aguas Blanquillas est nettement tortonienne et suffit à fixer l'âge miocène du système.

Nous joindrons à ces remarques générales quelques renseignements sur les diverses localités observées :

Sur la route de Motril, en arrivant à Padul, on voit les couches de gravier sableux, fortement redressées, buter contre l'helvétien. Sur la même route, près de Beznar, les couches de molasse et de conglomérats à Bryozoaires, *Pecten* et radioles d'Oursins, sont ravinées profondément par une formation détritique, à blocs anguleux, de roches de la sierra Nevada. Cette formation est très bien développée près de Tablate, de Restabal et de Talara, où elle constitue des collines entières.

En gravissant ces collines, on trouve, vers la base, des blocs souvent énormes de micaschistes peu roulés, des fragments de quartz et quelques galets calcaires. A mesure qu'on s'élève, les cailloux sont plus roulés, les bancs mieux stratifiés, les lits de sable plus nombreux.

Les exemples de fausse stratification et de *stratification entre-*

*croisée* sont fréquents. De plus, les cailloutis passent latéralement aux sables, aux grès tendres à veines ferrugineuses, etc.

Fig. 23. — Failles dans la blockformation (tranchée de la venta de las Angustias).

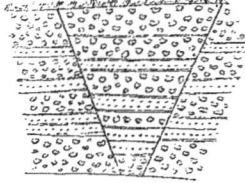

Les belles tranchées de la route de Motril, près de la venta de las Angustias, avant la bifurcation de la route de Lanjaron, montrent ces couches traversées par une série de petites failles de tassement (fig. 23); elles sont ravinées à leur partie supérieure par une formation de galets plus récente.

Fig. 24. — Coupe prise au nord de Talara.

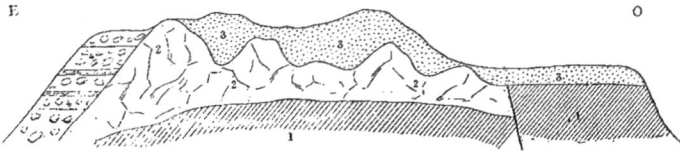

1. Schistes anciens satinés (trias?).
2. Calcaire cristallin (trias?).
3. Molasse à Bryozoaires et *Pecten scabriusculus*.
4. Cailloutis et sables stratifiés de la blockformation.

La coupe ci-jointe, relevée près de Murchas, montre d'une manière très nette les rapports respectifs des terrains anciens, de l'helvétien et du miocène supérieur. Sur les schistes et les calcaires cristallins profondément ravinés s'est déposée la molasse. L'helvétien a été attaqué à son tour par des érosions, et les cailloutis (blockformation) du tortonien sont venus combler les dépressions

ainsi produites. Tout près de ce point, l'on peut voir la molasse
se terminer par une surface lisse et polie à rainures parallèles ré-
sultant probablement du charriage des blocs qui ont formé les
dépôts tortoniens. Ces derniers débutent ici par un banc argilo-
sableux grisâtre à Gastéropodes et Lamellibranches indéterminables.

Fig. 25. — Coupe prise au N. O. de Talara.

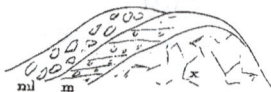

x. Calcaire cristallin.
m. Molasse à *Pecten scabriusculus* et Bryozoaires.
ml. Sables et cailloutis de la blockformation.

Au nord de Grenade et sur la route de Jaen, des limons rouges
alternent et se mêlent avec les galets, qui sont là surtout jurassiques
et néocomiens. Quelques bancs offrent des exemples remarquables
d'entrelacements et de pénétrations irrégulières de divers éléments
caillouteux et limoneux, avec des parties gréseuses ou calcaires.
Au nord de la gare d'Illora, les calcaires blancs jurassiques montrent, au contact des cailloutis, des perforations littorales.

A l'est de Loja, le long de la route de Salar, on retrouve les
cailloutis miocènes; ils alternent avec des marnes sableuses et vont
disparaître sous les assises fluvio-lacustres du bassin d'Alhama.

Fig. 26. — Coupe prise au S. E. de Loja.

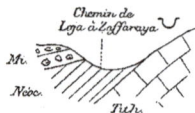

Titb. = Tithonique.          ⱴ = Carrière.
Néoc. = Néocomien.          Mi. = Cailloutis miocènes.

On voit, en sortant de la ville, sous une couche de tuf, un dépôt

terreux rouge à galets et à concrétions calcaires; ces couches alternent avec un limon sableux; le tout plonge légèrement vers
l'est. Près du cimetière, où l'on peut facilement étudier ces conglomérats, les galets sont calcaires. On remarque quelques silex et des
bancs d'un grès fin jaunâtre (pendage E.—S. E.).

Les conglomérats miocènes existent aussi près de Loja, sur la
rive droite du Genil et le long de la route de Colmenar. Cette
route suit pendant un certain temps la chaîne jurassique en se
maintenant sur un plateau formé de conglomérats et de marnes
sableuses grises et blanches à stratification entre-croisée; dans les
conglomérats nous avons trouvé un galet de molasse.

Du côté d'Antequera, les cailloutis tortoniens semblent disparaître; du moins nous n'en avons plus trouvé de traces à l'ouest
de Loja.

La ligne de Malaga à Cordoue montre, près de Pizarra, des
tranchées pratiquées dans de puissants dépôts de graviers de fort
calibre alternant avec des lits sableux. Les assises en sont fortement redressées. Ce sont là les caractères de la blockformation du
bassin de Grenade. Près de Torres Cabrera également et près
de Puente Genil, de même en arrivant à Séville par la ligne de
Roda, c'est cette même formation qui semble développée dans les
tranchées du chemin de fer. Il nous paraît probable, d'après les
renseignements verbaux que nous a donnés M. Calderon, qu'elle
est, près de Séville comme près de Grenade, en discordance avec
l'helvétien.

Enfin nous dirons plus loin qu'il y a lieu de synchroniser ces
cailloutis avec les conglomérats analogues du bassin de Madrid,
également surmontés par des assises gypseuses.

Sur le chemin de Jayena à Padul, en entrant dans le massif ancien de la Peña del Aquila, nous avons observé une coupe intéressante, qui peut fournir, par assimilation, de nouveaux renseignements sur l'âge de ces cailloutis. Là en effet, sur les schistes
anciens (phyllades cambriens) redressés verticalement, repose,

16

en discordance profonde, un conglomérat tertiaire renfermant des Polypiers, des Bivalves et des Cérithes, parmi lesquels nous avons pu distinguer *Cerithium vulgatum* et *Cer. mitrale,* espèces caractéristiques du grès sarmatique de l'Autriche-Hongrie.

Au-dessus de ces premières couches (à une cote plus basse par suite du pendage), viennent des assises calcaires formées entièrement de Polypiers[1] qu'il semble difficile de distinguer de ceux d'Illora. L'ensemble plonge sous le système des marnes gypseuses.

Fig. 27. — Coupe prise entre Jayena et Padul.

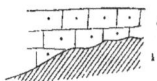

1. Phyllades.
2. Calcaire à Polypiers et *Cerithium mitrale.*

Si l'assimilation des Polypiers d'Illora et de Jayena est fondée, on est en droit de conclure de cette coupe :

1° Que la formation des cailloutis ne s'est pas étendue au sud jusqu'à Jayena ;

2° Qu'elle s'est continuée pendant l'époque sarmatique, et que l'ensemble de ces cailloutis correspond à la fois aux sous-étages tortonien et sarmatique.

*Résumé.* — *Tortonien et sarmatique.* — A la base des bancs cailouteux et sableux de la blockformation, il y a à Dudar plusieurs intercalations de marnes bleues avec *Terebra fuscata* Brocchi, *Ancillaria obsoleta* Brocchi, *Chenopus pes graculi* Br., *Dentalium Bouei* Desh., *D. inæquale* Br., *Nucula placentina* Lam., *Pecten cristatus* Brocchi, *Arca diluvii* Lam., *Ceratotrochus multispinosus* Edw.

---

[1] La présence à Jayena d'un calcaire à Polypiers a déjà été signalée par M. Gonzalo y Tarin dans sa description de la province de Grenade.

et H., etc., c'est-à-dire avec une faune tortonienne [1]. Dans les graviers supérieurs, nous avons recueilli l'*Ostrea lamellosa* Brocchi.

Ces conglomérats se prolongent par ceux de l'Alhambra et se suivent au nord du Genil jusqu'à Loja; les cailloux jurassiques, néocomiens et tertiaires y remplacent seulement les blocs de micaschistes de la sierra Nevada; un banc de Polypiers s'y intercale près de la gare d'Illora. Des calcaires remplis de Polypiers se trouvent également à l'ouest de Jayena, au-dessous du gypse; ils reposent là directement sur des phyllades, et, près du contact, nous y avons trouvé en abondance le *Cerithium mitrale* Eichw. et le *Cer. vulgatum* Brug., espèces sarmatiques.

Il résulte de là, ainsi que des perforations de rivages et des Huîtres attachées aux galets, que ces dépôts caillouteux sont, au moins en grande partie, marins. D'après les intercalations du sommet et de la base, ils correspondent aux époques tortonienne et sarmatique [2].

Ce système est en discordance complète avec l'helvétien. Une discordance analogue se retrouverait, paraît-il, en Algérie [3], mais nous n'en connaissons aucun exemple comparable dans le reste du bassin méditerranéen; c'est là un remarquable exemple de la localisation des mouvements du sol. Malgré leur étendue relativement faible, les mouvements auxquels est due cette discordance ont une importance considérable dans l'histoire de la Méditerranée; ils ont fermé pour un temps la communication entre cette mer et l'océan Atlantique, et c'est à eux qu'il faut attribuer le changement passager si remarquable qui s'est produit dans le caractère de la faune méditerranéenne à la fin de la période miocène.

[1] Nous ferons remarquer que l'époque tortonienne a été, d'après Fuchs, signalée en Italie (Serravalle, Monte Rosso) par de puissants dépôts détritiques qui correspondent à la blockformation de Grenade.

[2] Dans un récent mémoire, MM. Taramelli et Mercalli, qui avaient placé ces assises dans le pliocène, se rangent à notre manière de voir.

[3] M. Ficheur affirme que cette discordance est assez générale en Algérie.

Au-dessus des dépôts qui ont fait l'objet du précédent chapitre, on rencontre, dans le bassin de Grenade, un système de couches saumâtres et d'eau douce, qui occupent tout le centre de la dépression. Des gypses et des calcaires lacustres en constituent les principaux éléments; leur position dans la série tertiaire a été très diversement interprétée.

*Historique.* — Silvertop (*Proceedings*, 1830) a relevé une coupe très exacte des assises tertiaires sur la route d'Alhama à Loja; il place la molasse (coralline limestone) sous le gypse et sous les calcaires lacustres, dont il donne une bonne description. Il range dans le miocène moyen de Lyell la molasse d'Alhama, d'Antequera, etc. Cet auteur a distingué aussi le premier les gypses tertiaires de l'Andalousie des gypses triasiques; il assigne cependant un âge triasique au gypse de la Malá. Il place avec raison le gypse miocène entre le tertiaire marin et le tertiaire lacustre, et cite dans ces couches les fossiles suivants :

> *Planorbis rotundatus.*
> ———— nov. sp.
> *Bulimus pusillus.*
> *Paludina Desmaresti.*
> ———— *pyramidalis.*
> ———— *pusilla.*
> *Ancylus.*
> *Cypris.*
> *Limnæa.*

Dans le bassin d'Alhama, Silvertop a bien reconnu la succession des assises et la discordance qui sépare la molasse du miocène lacustre.

Schimper attribuait au trias les gypses de Cacin et de la Vega. C'est aussi l'opinion de Silvertop, qui les sépare de son gypse postmolassique et les croit inférieurs à l'helvétien marin. A l'époque où d'Archiac écrivait son *Histoire des progrès de la géologie*, on croyait que les conglomérats des environs de Grenade étaient postérieurs aux gypses d'Alhama.

Pour M. Gonzalo y Tarin, la molasse alternerait avec le miocène lacustre. A Alhama, les couches marines seraient inférieures aux assises d'eau douce; à Escuzar, au contraire, et à la venta del Fraile, les assises lacustres seraient inférieures à la molasse. M. von Drasche place également les assises gypseuses *sous* la molasse à *Lithothamnium* d'Escuzar.

Les auteurs de l'*Informe* font du gypse et de son cortège de marnes et de lignites l'équivalent de l'oligocène. Ces assises, qui s'élèvent jusqu'à 1,000 mètres près du Suspiro del Moro, contiendraient, d'après eux: *Planorbis lens, Limnæa acuminata, Bithinia pusilla*. D'autre part, les calcaires lacustres, dans lesquels les membres de la Commission espagnole citent *Planorbis crassus* et *Limnæa longiscata*, ont été rattachés par eux au miocène.

MM. Taramelli et Mercalli parlent de filons de gypse traversant les assises pliocènes. Ils ne mentionnent pas le miocène.

### Description des couches.

Examinons la disposition de ces assises si controversées; on

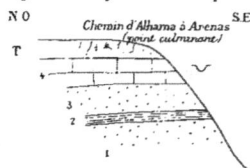

Fig. 28. — Coupe du miocène supérieur.

1. Marnes gypsifères.
2. Marnes ligniteuses à *Melanopsis impressa*.
3. Sables.
4. Calcaire lacustre et meulières exploités (*Hydrobia*).
T. Tuf calcaire.

peut bien les étudier dans les environs d'Arenas del Rey. En par-

tant du ravin d'Alhama qui est creusé dans la molasse helvétienne
et en se dirigeant vers le S. E., on quitte bientôt les couches marines du tajo d'Alhama pour arriver à un plateau cultivé, entouré
de petites éminences. On se trouve là dans les assises lacustres
du terrain tertiaire. Le sommet des collines est formé d'un tuf
calcaire jaunâtre (fig. 28, T) qui recouvre une assise (fig. 28, n° 4)
de calcaire lacustre blanc meuliériforme, dans lequel nous n'avons
pas rencontré de fossiles. A la base, ce calcaire devient plus marneux, grisâtre et forme des bancs moins épais. On y trouve des
Hydrobies et des Limnées.

En descendant vers Arenas del Rey, on voit devant soi une
vaste dépression entourée de collines. On peut là embrasser d'un
coup d'œil l'ensemble des assises lacustres qui se développent
presque horizontalement avec un léger pendage vers le N. O., et
observer le détail des superpositions dans les nombreux ravins qui
sillonnent les flancs des collines. Ce sont d'abord, au-dessous des
calcaires lacustres du plateau, des sables gris et jaunes, micacés,
sans fossiles. Viennent ensuite des marnes ligniteuses de couleur
grise où abondent les Limnées, les Planorbes et les Hydrobies
(*Limnæa Forbesi*, *Planorbis Mantelli* (*solidus*)[1], *Melanopsis impressa*). Plus bas, une série puissante de marnes gypsifères en
petits bancs constitue le fond de la dépression ainsi que la colline
sur laquelle est construit le village d'Arenas del Rey. Vers le haut
de ces marnes s'intercalent des bancs de calcaire lacustre à *Hydrobia
etrusca*.

Les couches à gypse se poursuivent jusqu'à Jatar, où elles s'appuient sur les terrains anciens (calcaires cristallins). On les retrouve très développées à Jayena et à Fornes. Ce sont des marnes
grises, jaunâtres. Elles renferment des lits de cristaux de gypse et

[1] Ce Planorbe, qui ne peut être identifié avec le *Pl. solidus* de l'aquita-nien, est identique aux échantillons re-cueillis par M. Gaudry en Attique, avec les *Limnæa Forbesi* et *girundica* (*subpa- lustris* d'Orb.), dans des couches appar-tenant au miocène supérieur et anté-rieures aux limons de Pikermi. On le retrouve à Concud (Espagne) avec des restes d'*Hipparion*.

des bancs de marnes durcies ou de calcaire marneux fossilifère.
Elles occupent une grande surface dans le N. E. du bassin de
Grenade, où la route de Grenade à Escuzar montre leur développement considérable sur plus de 200 mètres de puissance et
permet de constater leurs rapports avec les couches précédemment
décrites. Après avoir traversé les alluvions du Genil, on rencontre,
près de Gabia la Grande, les cailloutis tortoniens plongeant vers le
centre du bassin. Les cailloux sont de faible dimension et disparaissent peu à peu, pour faire place à des marnes grises où l'on
voit bientôt apparaître le gypse à l'état fibreux et lamellaire. Ce
système se suit alors sans discontinuité jusqu'au delà d'Escuzar;
les couches en sont très tourmentées et atteignent même, en
plusieurs points, la verticale. A Escuzar, les plaquettes de gypse
deviennent de gros bancs d'albâtre qui atteignent, au sud du
village, jusqu'à 50 centimètres d'épaisseur. Les plissements sont
toujours très marqués. A 1 kilomètre environ au sud d'Escuzar,
on voit les bancs de gypse se relever; au-dessous apparaissent
(voir la coupe, p. 485) des bancs de calcaire jaunâtre grossier à
*Lithothamnium* et *Pecten Zitteli*, déjà mentionnés comme appartenant à l'helvétien.

En continuant vers le sud dans la direction d'Agron, on constate que le calcaire à *Lithothamnium* repose sur les calcaires anciens et l'on peut observer, au contact des deux formations, des
conglomérats avec bancs d'Huîtres et phénomènes de rivage. D'autre
part, nous avons également constaté que le gypse repose, à quelques pas de là, directement, sans intermédiaire de molasse, sur le
calcaire ancien.

La coupe de la route d'Escuzar montre donc, d'une part, la concordance du gypse avec les cailloutis tortoniens, et, de l'autre, sa
discordance avec la molasse helvétienne. Les environs de Loja,
du côté de Salar et d'Alhama, permettent de vérifier ces conclusions.

Dès que l'on s'est éloigné de la carretera (grande route) pour
prendre le sentier de Salar, on pénètre dans la formation lacustre

dont les bancs sont, ainsi que le montre la coupe ci-jointe, inclinés vers le centre du bassin[1]. On remarque, au sommet, des bancs bien

Fig. 29. — Coupe relevée entre Loja et Salar.

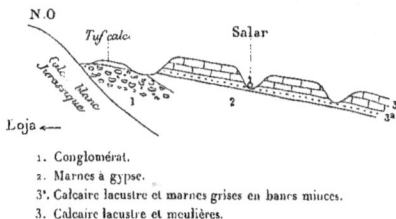

1. Conglomérat.
2. Marnes à gypse.
3'. Calcaire lacustre et marnes grises en bancs minces.
3. Calcaire lacustre et meulières.

lités de travertins et de meulières (*Limnæa girundica*). Au-dessous existent des bancs plus minces de calcaire lacustre grisâtre à Hydrobies, etc., alternant avec des marnes grises. Puis viennent des marnes à gypse, qui existent dans le ravin au sud de Salar et qui s'appuient directement sur le jurassique en cet endroit, mais qui plus loin reposent sur les conglomérats tortoniens.

La grande route d'Alhama suit le bord ouest d'un vaste plateau

Fig. 30. — Coupe prise entre Alhama et Loja.

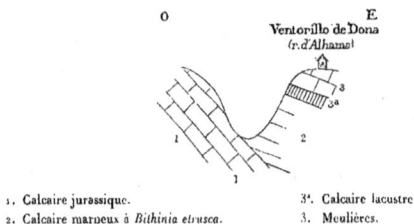

1. Calcaire jurassique.                    3'. Calcaire lacustre.
2. Calcaire marneux à *Bithinia etrusca*.   3. Meulières.

lacustre incliné vers le N. E., vers la vallée du Genil. Les couches

[1] Le calcaire lacustre existe également en face de Loja, sur la rive droite du Genil (pendage E.), où il renferme des Hydrobies.

lacustres y sont légèrement ondulées. La route chemine dans les calcaires blancs lacustres et les meulières supérieures. A l'ouest un ravin profond sépare de la chaîne jurassique et montre les assises inférieures.

Nous donnons ci-joint la coupe de ce ravin au ventorillo de Dona.

On peut voir là d'une façon très nette les marnes et calcaires gris-noirâtre lacustres reposer *directement* (l'étage du gypse manque) et en discordance absolue sur le calcaire jurassique blanc compact.

Fig. 31.

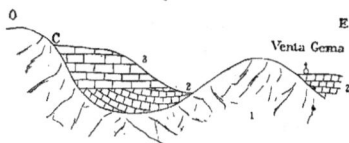

1. Calcaire blanc jurassique.
2. Molasse à *Cidaris avenionensis.*
3. Calcaire lacustre.

Près de la venta Gema, l'on voit émerger du milieu des couches lacustres des îlots de calcaire jurassique. (Voir coupe fig. 31.) Tandis qu'en C le calcaire lacustre gris (inférieur au travertin et supérieur aux marnes à gypse) est en contact *direct* avec le calcaire jurassique, du côté de la venta il en est séparé par la molasse à *Cidaris avenionensis.*

Nous citerons enfin deux coupes prises dans les environs de Grenade. Sur la route de Grenade à Guevejar, on trouve de bas en haut :

1° Limon rouge à *coquilles lacustres*, graviers et sables (stratification entre-croisée);

2° Marnes grises et rouges avec gros bancs de gypse, contenant des *coquilles lacustres (Melanopsis impressa)*;

3° Marnes grises à Limnées, avec trois bancs de calcaire jaune gréseux à moules de fossiles.

A l'est de Guevejar, on relève la succession suivante de bas en haut (voir fig. 2, p. 4oo) :

1° Marnes grises à gypse, puissantes;

2° Schistes argileux gris;

3° Conglomérats et cailloutis siliceux;

4° Grès et sables;

5° Marnes grises et grès jaunes calcaires, *Melanopsis impressa* abondante;

6° Marnes multicolores;

7° Marnes avec galets anguleux des roches de la sierra Nevada (quartz, schistes micacés, grès rouge, etc.);

8° Tuf calcaire incliné N. 3o° E.

On voit qu'ici se présentent, dans cet étage, des cailloutis que nous n'avons pas rencontrés ailleurs. Cela est dû probablement au voisinage immédiat de la sierra Nevada.

*Résumé.* — Toutes ces coupes nous ont donné une succession uniforme, et nulle part nous n'avons trouvé d'alternance entre les dépôts marins et lacustres. A Alfacar et à Loja, les cailloux s'enfoncent sous des marnes foncées gypseuses, passant au gypse pur (la Malá). Le gypse même contient à Alfacar *Melanopsis impressa* Krauss. Il est surmonté là et à Arenas del Rey par des marnes ligniteuses et sableuses avec *Melanopsis impressa* Krauss, *Limnæa Forbesi* G. et F., *Hydrobia etrusca* Cap., *Planorbis Mantelli*. Cette faune met le gypse de Grenade sur le même niveau que la formation sulfo-gypseuse de l'Italie.

Le système du gypse est surmonté, dans le bassin d'Alhama, par des assises très régulières d'un calcaire lacustre blanc (*cream coloured*, Silvertop) et vacuolaire; on y trouve : *Planorbis Mantelli* Dunker (*Pl. solidus* G. et F.), *Limnæa girundica* Noul., *Hydrobia* sp. Cette formation peut être synchronisée avec les calcaires d'eau douce du centre de l'Espagne et plus spécialement avec ceux de Concud (Teruel), qui renferment le même Planorbe (collection de Verneuil) et qui alternent avec des couches à *Hipparion*.

Tandis qu'en Italie le gypse n'est qu'un épisode entre deux for-

mations marines, il correspond en Andalousie à l'émersion définitive du bassin. Les dépôts pliocènes ne se montrent que sur la côte
où le miocène fait défaut. Le bassin de la mer actuelle ne s'est sans
doute affaissé qu'après le miocène.

Le croquis schématique ci-joint rend compte de cette disposition des dépôts tertiaires de part et d'autre de l'arête bétique; il
montre de plus la nature des discordances qui les séparent; entre
l'helvétien et le tortonien, c'est une discordance de ravinement;
entre le miocène supérieur et le pliocène (plaisancien), c'est plutôt
une transgression ou une discordance de répartition (*Discordanz
der Verbreitung* des Allemands). Elle se traduit par ce fait que le
plaisancien existe sur la côte, où le miocène fait défaut, tandis
qu'à l'intérieur du pays le miocène n'est recouvert par aucun dépôt
marin.

Fig. 32. — Schéma indiquant la disposition des différentes assises tertiaires
des deux côtés de la chaîne bétique.

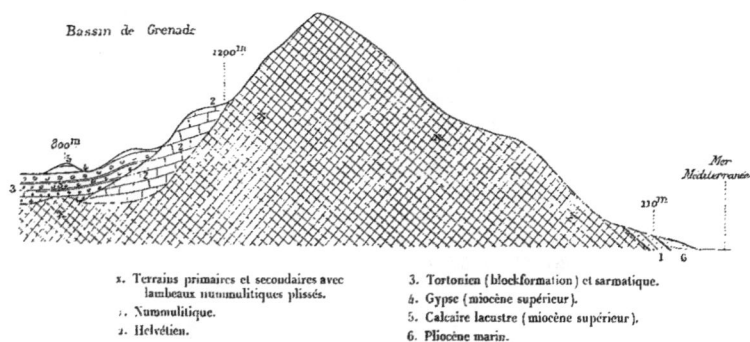

1. Terrains primaires et secondaires avec
   lambeaux nummulitiques plissés.
2. Nummulitique.
3. Helvétien.

3. Tortonien (blockformation) et sarmatique.
4. Gypse (miocène supérieur).
5. Calcaire lacustre (miocène supérieur).
6. Pliocène marin.

## Liste des espèces de l'helvétien.

**Halitherium** (?). Ossements. Talara.
**Oxyrhina hastalis** Ag. Talara.
Dents de Squales diverses. Beznar, le Pradon.

17.

**Balanus sp.** Restabal.

**Turritella bicarinata** Eichw., var. **subarchimedis** d'Orb. Albunuelas.

Gastéropodes indét. Saleres.

**Panopæa Menardi** Desh. Montefrio.

**Cardium hians** Br. Albunuelas.

**Nucula Mayeri** Hœrnes, Saleres.

**Corbula carinata** Duj. Albunuelas.

**Perna sp.** (grande espèce). Albunuelas.

Pélécypodes divers indéterm. Escuzar, Saleres, Albunuelas.

**Spondylus crassicosta** Lam. Alhama.

**Pecten scabriusculus** Lam., var. **iberica** Kil. Albunuelas, Montefrio, Talara, Beznar, Escuzar, le Pradon, las Perdrices. (Abondant.)

**Pecten præscabriusculus** Font. Montefrio. (Assez rare.)

———— Font., var. **talaraensis** Kil. Montefrio, Talara, Saleres, Beznar, Albunuelas, le Pradon, Escuzar. (Abondant.)

———— **Celestini** Font. Alfacar.

———— **Zitteli** Fuchs. Escuzar, Alfacar. (Assez commun.)

———— **Tournali** de Serres. Montefrio.

———— **Fuchsi** Font. Alfacar.

———— **Holgeri** Gem. Montefrio.

———— **opercularis** L. Alfacar.

———— cf. **nimius** Font. Albunuelas, Alfacar.

———— **subbenedictus** Font. Montefrio, vallée du Genil (en amont de Piños).

———— **sp.** Ravin d'Alhama, N. de Loja, Montefrio, Beznar.

———— **substriatus** d'Orb. Albunuelas, Alfacar.

———— **(Pleuronectia) cristatus** Brocch. Saleres. (Forme un banc.)

**Ostrea crassissima** Lam. Antequera. (Citée déjà par Silvertop de cette localité sous le nom d'**O. longirostris** Goldf.)

**Ostrea gingensis** Schl. Antequera, Restabal, Albunuelas.

———— **Virleti** Desh. Saleres.

———— **digitalina** Dub. Montefrio, S. d'Escuzar, Alfacar, Saleres, Restabal.

———— **Offreti** Kilian. Saleres, Restabal, Albunuelas, Alfacar, Escuzar.

———— **Boblayei** Desh. Saleres, ravin de Talara, Albunuelas, Escuzar.

———— **Maresi** Mun.-Ch. Montefrio, Alfacar.

———— **Velaini** Mun.-Ch. Albunuelas, Agron, Montefrio, Alfacar, Restabal, vallée du Genil (en amont de Peños). (Commun.)

———— **chicaensis** Mun.-Ch. Montefrio, Alfacar. Jeunes individus abondants à Restabal.

**Ostrea sp.** Montefrio, ravin d'Alhama.

**Terebratula grandis** Blum. (**Ter. Sowerbyana** Nyst.) Beznar, Montefrio.

—— **sinuosa** Dav. Brocchi. Talara, Montefrio.

—— var. **pedemontana** Dav. Talara, route de Beznar.

—— **sp.** Ravin d'Alhama.

**Rhynchonella bipartita** Brocch. sp. Talara.

**Lacazella mediterranea** Risso sp. Escuzar.

Bryozoaires. Partout, notamment à Escuzar, Talara, Alhama.

**Clypeaster insignis** Segu. Albunuelas.

—— **sp.** fragments. Alfacar.

**Echinolampas** voisin de **scutiformis** Desm. Vallée du Genil (en amont de Peños).

**Cidaris avenionensis** Desm. Beznar, Alhama, Repicao, Escuzar.

**Lithothamnium.** Escuzar, Alhama. (Commun.)

Polypiers. Partout.

Nous devons à l'obligeance de M. S. Calderon y Arana, professeur à Séville, quelques espèces de l'helvétien trouvées aux environs de cette ville :

**Pecten Beudanti** Bast. Gerena.

—— **gigas** Schl. Gerena.

—— cf. **Besseri** Andrz. Gerena.

**Clypeaster altus** Lam. Villanueva.

—— **pyramidalis** Mich. Villanueva.

**Liste des espèces recueillies dans le miocène supérieur.**

I. — CAILLOUTIS DE LA BLOCKFORMATION (TORTONIEN) [1].

**Odontapsis contortidens** Ag. Quentar. (Marnes grises intercalées dans les cailloutis.)

[1] MM. Taramelli et Mercalli citent dans le « tortonien » d'Albunuelas :

*Turritella Archimedis.* — *Isocardia subtransitoria.*
*Arca diluvii.* — *Ostrea digitalina.*
*Pecten Reussi.* — —— *cochlear.*
—— *substriatus.*

On a trouvé d'un autre côté dans les gypses du bassin de Grenade : *Bithinia tuba*, *Melanopsis costata*, *Paludina*, *Cypris*.

Chenopus pes graculi Bronn. Quentar.

Natica millepunctata Lam. Quentar.

Terebra fuscata Brocchi. Quentar.

Ancillaria neglecta Br. sp. Quentar.

Conus cf. demissus Ph. Quentar.

Dentalium Bouei Desh. Quentar. (Abondant.)

——— sexangulare Lam. var. B. Quentar.

——— cf. inæquale Bronn. Quentar.

Arca diluvii Lam. Quentar.

Nucula placentina Lam. Quentar.

Pecten (Pleuronectia) cristatus Brocchi sp. Quentar.

——— bollenensis Mayer. Dudar.

Bivalves indét. Quentar.

Ostrea lamellosa Br. Cailloutis de Dudar, Talara, Beznar, etc.

Ceratotrochus multispinosus Edw. et H. Quentar. (Marnes grises.)

Ajoutons les espèces suivantes citées par Silvertop comme ayant été recueillies dans les conglomérats qui entourent la sierra Nevada : *Cardita squamosa* var., *Dentalium Bouei*, *Turritella subangulata*, *Cariophyllia*.

### II. — CAILLOUTIS SUPÉRIEURS (SARMATIQUES).

Cerithium mitrale Eichw. (Très abondant à Jayena.) Espèce qui se rencontre dans le sarmatique de Galicie d'après Bittner.

——— vulgatum Brug. Jayena.

Polypiers. Formant un banc à Jayena et, à Illora, un lit intercalé dans les cailloutis.

### III. — SYSTÈME DU GYPSE.

Limnæa Forbesi G. et F. Arenas del Rey.

Planorbis Mantelli (Dunker) Sandberger. (P. solidus G. et F.) Arenas del Rey.

——— (Gyrorbis sp.) Arenas del Rey.

Hydrobia (Bithinella) etrusca Cap. Arenas del Rey, venta Dona.

Melanopsis impressa Krauss. Arenas del Rey, Baños de Alhama, Guevejar, Alfacar. (Abondant.)

### IV. — CALCAIRE LACUSTRE.

Planorbis Mantelli (Dunker) Sandb. Route d'Alhama à Loja.

Limnæa girundica Noulet. Route de Salar à Alhama.

### F. — TERRAIN PLIOCÈNE.

Le pliocène marin a été signalé depuis longtemps aux environs de Malaga; les couches inférieures, très riches en fossiles, ont été souvent décrites et le gisement de los Tejares est bien connu. Il nous suffira de mentionner les travaux d'Ansted, de Scharenberg, de Schimper, de Linera, d'Amalio Maestre, qui ont donné sur les assises pliocènes de Malaga de nombreux détails. On trouve spécialement dans la note d'Ansted de bonnes coupes des environs de cette ville. Enfin M. de Orueta a publié, il y a quelques années, une monographie des argiles fossilifères de los Tejares, près de Malaga, qu'il considère comme appartenant au miocène supérieur. Cette brochure renferme une liste de Foraminifères de los Tejares, déterminés par MM. Jones et Parker.

La collection de Verneuil contient une belle série de fossiles des marnes bleues de la même localité. Nous ne nous occuperons pas de ces couches, sur lesquelles M. Bergeron a donné de nombreux détails. Remarquons seulement que les marnes bleues sont surmontées, à Malaga même, par des assises jaunâtres, sableuses et graveleuses à *Pecten latissimus, Janira jacobœa, Pecten varius, Pectunculus glycimeris, Terebratula sinuata* et, d'après M. de Orueta, *Rhinoceros etruscus* et restes de Tortues. On reconnaît là le pliocène moyen, ou étage astien.

Ce même étage, plus développé et avec un facies légèrement différent, affleure aussi non loin du village d'El Palo, près du rio Jabonero; il repose là *directement* sur les marbres nummulitiques. Les couches relevées de 15 à 18° vers le nord s'élèvent jusqu'à 105 mètres au-dessus du niveau de la mer. Ce sont des sables agglutinés plus ou moins cailbouteux dans lesquels nous avons recueilli, entre autres espèces :

> *Scalaria tenuicostata* Lam.
> *Pecten scabrellus* Lam.
> ——— *bollenensis* May.
> ——— *latissimus* Brocchi.

*Pecten (Janira) jacobæus* Lam.
— ( —— ) *benedictus* Lam.
*Ostrea lamellosa* Brocchi.
—— *cucullata* Born.
*Rhynchonella complanata* Brocchi.

Fig. 33. — Coupe du pliocène au nord d'El Palo.

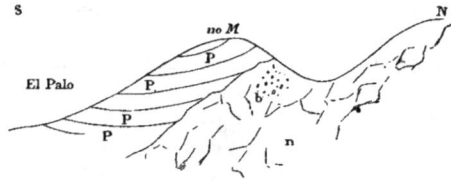

n. Calcaires nummulitiques avec accidents oolithiques (b).
P. Pliocène à *Pecten scabrellus.*

C'est la faune du pliocène moyen, tel qu'on le connait dans le Roussillon (Fontannes, Depéret), au monte Mario près de Rome, dans les Alpes-Maritimes, en Algérie (Douerah) et en Grèce (étage astien). Entre ce point et Velez Malaga, le pliocène moyen affleure en divers points, en bancs toujours inclinés vers la mer. On y trouve : *Janira benedicta* Lam. en quantité considérable; il existe également près de Velez Malaga[1], localité qui a fourni à la collection de Verneuil *Pecten scabrellus* et *Janira benedicta.* Ces fossiles, que nous avons déterminés, portent l'indication manuscrite : « près du pont de Velez Malaga. »

*Résumé.* — Le pliocène, qui n'existe que sur le littoral des provinces de Grenade et de Malaga, se compose de bas en haut :

a. Des marnes bleues subapennines de los Tejares près Malaga;
b. D'un dépôt sableux et graveleux, avec faune du pliocène moyen.

[1] Hausmann (1842) fait mention d'une colline située à quelque distance de Torre del Mar et constituée par un conglomérat calcaire à *Ostrea hippopus* et *Pecten jacobæus.* Il remarque que les bancs en sont inclinés de 15° à 20°.

Ces dernières assises s'étendent plus avant dans les terres que les premières; elles y sont relevées jusqu'à une altitude de 105 mètres et constituent le long de la côte une série de lambeaux fossilifères.

### Liste des espèces recueillies dans le pliocène moyen.

Oxyrhina xyphodon Ag. Tejares.

Dentalium sp. El Palo.

Scalaria tenuicostata Mich. El Palo.

Balanus concavus Bronn. (B. tintinnabulum Brocchi). Palo.

Venus umbonaria Lam. El Palo.

Pecten scabrellus Lam. El Palo.

——— bollenensis May. El Palo, Tejares. (Abondant.)

——— pusio L. El Palo.

——— venustus Goldf. El Palo.

——— sarmenticius Goldf. El Palo.

——— grandis Sow. El Palo.

——— striatus Brocc. El Palo.

——— ventilabrum Goldf. El Palo.

——— Sowerbyi Nyst. El Palo.

——— latissimus Brocc. El Palo.

——— (Janira) jacobæus L. El Palo.

——— (———) benedictus Lam. El Palo, Calla del Moral.

——— (Pleuronectia) cristatus Bronn. El Palo, Tejares.

Ostrea lamellosa Brocchi. El Palo, castillo de San Lucar (près Séville). (Abondant.)

——— Companyoi Font. El Palo.

——— barriensis Font. El Palo.

——— cucullata Born.

——— (———) var. comitatensis Font. El Palo.

——— (?) cochlear Poli. El Palo.

——— perpiniana Font. El Palo.

Spondylus sp.

Terebratula ampulla Brocchi. El Palo.

Rhynchonella complanata Brocch. Tejares.

Megerlea truncata L., var. rotundata Req. Palo.

## RAPPORTS ET COMPARAISONS POUR LES ÉTAGES TERTIAIRES.

L'insuffisance des documents recueillis par nous sur le nummulitique de l'Andalousie ne nous permet pas de rapprochements dé-
taillés avec celui d'autres régions; nous bornons donc les compa-
raisons aux étages tertiaires supérieurs, en indiquant seulement
pour les couches éocènes un rapprochement possible avec celles de
Biarritz, d'Allons, de Bos d'Arros et de Priabona dans le Vicentin,
ainsi qu'avec les dépôts à *Serpula spirulæa* du nord de l'Espagne.

### I. — MIOCÈNE.

*a.* L'helvétien du bassin de Grenade correspond au miocène moyen
des Italiens (Elveziano de M. Seguenza [1]) et à la molasse du bassin du Rhône (*Ostrea crassissima, Pecten scabriusculus, P. præscabriusculus, P. subbenedictus,* etc.). Cet étage est un des plus ré-
pandus dans le bassin méditerranéen.

En Espagne, on se rappelle qu'il a été suivi de Cadix à Alicante,
en lambeaux témoignant d'une ancienne communication entre la
Méditerranée et l'Océan. M. Carez [2] l'a étudié dans le nord de la
péninsule où il présente plusieurs subdivisions.

Aux Baléares, Hermite a fait connaître l'helvétien à *Pecten Besseri, præscabriusculus, camaretensis, Ostrea crassissima, gingensis,
Velaini* [3], *Boblayei* et Clypéastres. Ces couches sont aussi en discordance avec l'éocène.

En Corse [4], l'helvétien renferme des Clypéastres, *Cidaris avenionensis, Ostrea Velaini.*

En Italie, le miocène moyen est très développé; il a été décrit
en partie par M. Seguenza. Notons qu'à Livorno la base de la mo-

[1] Seguenza. *Le Formazioni terziarii
nella provincia di Reggio* (Calabria).
Rome, 1880.

[2] L. Carez. *Étude des terrains crétacés et tertiaires du nord de l'Espagne.*
Paris, 1881.

[3] Collection de la Sorbonne.

[4] Hollande. *Géologie de la Corse.*
(*Ann. des Sc. géol.,* t. IX, 1828.) —
Locard et Cotteau. *Description de la faune
des terrains tertiaires moyens de la Corse.*
Paris-Genève, 1873.

lasse est, comme à Grenade et à Quentar, occupée par des marnes à gypse.

D'après des renseignements que nous a fournis M. Welsch, la molasse helvétienne débuterait aussi en certains points de l'Algérie (où elle est très riche en fossiles) par des marnes noires à gypse. Ce gypse serait l'équivalent de celui du Pradon et de Quentar.

M. Rolland [1] a recueilli en Tunisie, avec le *Pecten Zitteli*, les Clypéastres et les grosses Huîtres (*Ostrea Maresi, O. Offreti, O. crassissima*), qui caractérisent ce niveau. MM. Vélain et Marès ont rapporté d'Algérie les mêmes Clypéastres, *Ostrea Velaini, O. chicœnsis, O. Maresi, O. crassissima* [2]. Ces espèces paraissent être très abondantes d'après le nombre des échantillons déposés dans les collections de la Sorbonne.

Il résulte des recherches de M. Zittel [3] dans le désert lybien que le miocène y présente une composition sensiblement analogue à celle qu'il a en Tunisie (d'après M. Rolland), en Algérie et dans la province de Grenade.

Les fossiles assez nombreux qui ont été rapportés par M. Zittel ont fait l'objet d'excellents mémoires. C'est ainsi que M. Fuchs [4] a décrit récemment la faune du miocène de l'oasis de Siuah (désert lybien); il y cite entre autres *Pecten substriatus, P. Escoffiera, P. Zitteli, P. Malvina, Spondylus crassicosta, Ostrea digitalina* et des Clypéastres. Il assimile ces assises aux couches de Grund dans le bassin de Vienne. Ces couches de Siuah paraissent correspondre à notre helvétien d'Andalousie. A Gebel Geneffe, près Suez, le même auteur a retrouvé l'helvétien fossilifère, contenant entre autres : *Pecten Holgeri, P. burdigalensis, P. cristatus, Cidaris avenionensis*.

En ce qui concerne le bassin de Vienne, la succession exacte

[1] *Comptes rendus* (7 décembre 1885, p. 1187 et 7 juin 1886), *Bull. Soc. géol. de France*, 3° série, t. XVI, p. 196, et communications orales de M. Rolland.

[2] Collections de la Sorbonne.
[3] *Palaeontographica*. Cassel, 1883.
[4] Th. Fuchs. *Uebersicht der jüngeren Tertiaerbild. des Wiener Beckens*, 1877.

18.

des couches et leur équivalence est encore l'objet de tant de con-
testations et de polémiques [1] de la part des géologues autrichiens
que nous n'essayerons pas de donner un parallélisme détaillé de
ces dépôts avec ceux de l'Andalousie. Nous nous bornerons à dire
que probablement notre molasse helvétienne est l'équivalent des
couches de Horn et de Grund [2] (1er étage méditerranéen). Peut-
être une étude minutieuse de l'helvétien de Grenade permettra-
t-elle un jour de le subdiviser et de trouver les équivalents des divers horizons viennois lorsque l'entente sera faite à leur sujet.

    *b. Tortonien.* — Un développement de conglomérats analogue
à celui qui caractérise le tortonien de l'Andalousie, accompagne
les marnes de Tortone [3] en Ligurie, aux environs de Serravalle et
se retrouve en Sicile au-dessus de l'helvétien à Clypéastres. Les
couches à Cérithes de l'étage sarmatique peuvent difficilement en
être séparées dans notre région; ces Cérithes sont connus aux
Baléares (couches à *Cerithium pictum* d'Hermite [4]) et en Sicile,
près de Syracuse, où le même étage se présente sous la forme
d'un calcaire miliolitique à *Cerithium rubiginosum.*

    Près de Vienne, c'est le Tegel de Baden qui doit être mis en
parallèle avec nos marnes tortoniennes et les grès sarmatiques seraient représentés par les bancs à *Cerithium mitrale, Cer. vulgatum*
de Jayena.

    La discordance observée près de Grenade, entre l'helvétien et
le tortonien paraît se retrouver en Algérie.

<hr/>

[1] Bittner. *Noch ein Beitrag zur Tertiaerlitteratur (Jhb. der k. k. geol. Reichsanstalt,* tome XXXVI, n° 1, 1886). —
Tietze. *Zeitschrift der deutschen geol. Gesellschaft,* 1884 et 1886. — Suess. *Antlitz der Erde.*

[2] Les couches de Grund, formant
la transition entre le 1er et le 2e étage méditerranéen, ont été tour à tour placées
dans chacun de ces étages. Voir *Die
Versuche einer Gliederung des unteren
Neogen im Gebiete des Mittelmeers (Zeitschrift der deutschen geol. Gesellschaft,*
1885, p. 131-132). — Th. Fuchs. *Zur
neueren Tertiaerlitteratur (Jhb. der k. k.
geol. Reichsanstalt,* 1885).

[3] Ces marnes sont connues dans le
N. E. de l'Espagne. (Marnes de Granada.) L. Carez, *loc. cit.*

[4] H. Hermite, *loc. cit.*

*c. Messinien.* — C'est faute de pouvoir introduire une division dans la masse des conglomérats que nous faisons commencer notre messinien avec les assises gypseuses, dont la faune correspondrait seulement au messinien II de M. Mayer. En tout cas, les espèces trouvées par nous dans le bassin de Grenade [*Melanopsis impressa, Hydrobia (Bilhinella etrusca)*], sont identiques aux figures données par M. Capellini pour la formation gypseuse (*gessoso solfifera*) d'Italie, où ces espèces se trouvent associées à des Congéries (*Congeria clavæformis*) au-dessus des assises tortonniennes et sarmatiques.

On retrouve en Sicile des gypses qui font partie des couches à Congéries (d'après Cortese). A ce moment encore l'Italie et l'Andalousie faisaient donc partie d'une même province et ont eu une histoire géologique analogue.

Hermite assimile aux couches à Congéries un dépôt à *Melanopsis* qu'il a découvert à Majorque. Des dépôts semblables existeraient aussi en Corse d'après M. Hollande. D'un autre côté, les marnes à Mélanopsides de l'Andalousie paraissent passer vers l'intérieur de l'Espagne à des dépôts dont le caractère lacustre s'accuse de plus en plus. Les Mélanopsides que l'on rencontre dans le miocène lacustre de Villasaya (Vieille-Castille) rappellent beaucoup le *M. impressa;* elles sont accompagnées de Bithinies et sont en relation avec des conglomérats à Vertébrés.

Les calcaires d'eau douce supérieurs au gypse seraient à placer sur l'horizon des couches à Vertébrés de Pikermi, de Cucuron, du Belvédère (étage thracien) et des calcaires lacustres de la Grèce. En effet, la collection de Verneuil contient une série de Planorbes de Concud (province de Teruel). Ces Planorbes que nous avons examinés avec soin sont identiques à nos échantillons du *Plan. Mantelli* (*solidus*) du bassin de Grenade. Nous croyons par conséquent être en droit d'assimiler notre calcaire lacustre aux couches de Concud et d'Alcoy.

Or, malgré le mélange de quelques espèces pliocènes à Alcoy, la présence de l'*Hipparion gracile* et du *Cervus dicrocerus,* autorise à grouper ces couches avec celles de Pikermi et de Cucuron, au sommet du miocène supérieur[1].

Le gypse miocène en rapport avec des calcaires lacustres et des conglomérats existe dans les provinces d'Oviedo, de Ciudad Real, de Guadalajara, dans la Navarre, dans les provinces de Saragosse, de Huesca, de Valladolid.

Le miocène supérieur est du reste très répandu en Espagne et une grande partie des calcaires lacustres et des conglomérats du centre de la péninsule doit être placé sur l'horizon de Pikermi; ils contiennent, en effet, d'après les auteurs[2] : *Mastodon angustidens* (Madrid, Valladolid), *M. longirostris* (Madrid, Alcoy), *M. giganteus* (Teruel), *M. tapiroides* (Madrid), *M. arvernensis* (Alcoy), *Sus palæochœrus* (Alcoy), *Rhinoceros incisivus* (Teruel), *Rh. Mercki* (Teruel), *Hipparion* (Concud, province de Teruel), *H. gracile* (Alcoy), *H. prostylum* (Concud), *Cervus dicrocerus* (Concud), *Tragocerus amaltheus* (Concud).

## II. – PLIOCÈNE.

L'argile de los Tejares étudiée par M. Bergeron appartient à l'horizon des marnes subapennines ou plaisanciennes (marnes du Vatican). Les couches à *Pecten latissimus*, *P. bollenensis*, *P. scabrellus*, *Janira jacobæa*, *J. benedicta*, *Ostrea lamellosa*, *O. cucullata*, etc., du Palo correspondraient aux couches astiennes du Monte Mario, de Douerah (Algérie), du Roussillon, etc. (*IV^te Mediterranstufe*, Suess).

Le pliocène se continue du reste (*Pecten jacobæus*, *Ostrea lamellosa*) dans la province d'Almeria, d'après M. Cortazar.

[1] Voir Gervais. *Bull. Soc. géol. de France*, 1853, et Depéret. *Bassin tertiaire du Roussillon*, p. 240 (*Thèse pour le doctorat* et *Ann. sc. géol.*). — [2] Voir Calderon. *Enumeracion de los Vertabrados fosiles de Españas*, 1876.

| PROVINCES DE GRENADE ET DE MALAGA. | | RÉGIONS DIVERSES. |
|---|---|---|
| PLIOCÈNE. | Astico du Palo à *Pecten latissimus*, *Janira jacobæa, J. benedicta, Pecten bollenensis, Ostrea lamellosa, O. cucullata*, etc. | Couches du Monte Mario, du Roussillon, de l'Astésan, de Douerah. |
| | Plaisancien de los Tejares à Pleurotomes, *Turbo rugosus*, etc. (Sur la côte seulement.) | Marnes subapennines, Tarente, Biot, le Vatican, etc. |
| MIOCÈNE — supérieur. | Calcaires lacustres de Salar et de Santa-Cruz : *Limnæa girundica* Noul., *Planorbis Mantelli* (*solidus* G. et F.). | Formations lacustres d'Alcoy, de Concud à *Hipparion, Mastodon*, etc. Miocène supérieur de Valladolid, etc. Couches de Pikermi, de Cucuron, du Luberon et du Belvédère (thracien). |
| | Couches à gypse et à lignites d'Arenas del Rey, d'Alfacar : *Melanopsis impressa* Krauss, *Planorbis Mantelli*, Dunk. *Bithinella etrusca*, Men., *Limnæa Forbesi* G. et F. | Couches messiniennes moyennes d'Italie (formation sulfo-gypseuse) et de Sicile. Gypse du centre de l'Espagne (Vieille-Castille). Couches à Congéries du bassin de Vienne(?) et étage levantin. Dépôt à *Melanopsis* de Majorque. |
| | Couche à Polypiers d'Illora et de Jayena (*Cerithium mitrale, Cer. vulgatum*) intercalées dans les cailloutis (Block-formation) à *Ostrea lamellosa* et, à la base : *Dentalium Bouei, D. inæquale, Chenopus pes graculi, Terebra fuscata, Ancillaria neglecta, Pecten cristatus*, etc. | Couches sarmatiques du bassin de Vienne, de Sicile, des Baléares. Tortonien (Stazzano, Tortone) d'Italie, d'Algérie; Tegel de Baden, près Vienne. Conglomérats tortoniens de Sicile. |
| | Discordance. | |
| MIOCÈNE — moyen. | Molasse d'Albunuelas à *Clypeaster insignis, Pecten scabriusculus, Ostrea Velaini.* Molasse à *Pecten Zitteli* (Escuzar), *præscabriusculus, subbenedictus, Tournali, Ter. grandis, Ter. sinuosa, Cidaris avenionensis, Lithothamnium.* Couches à *O. gingensis, O. crassissima, O. digitalina, O. chicænsis, Panopæa* cf. *Menardi*, etc. | Helvétien de Seguenza, *mioceno medio*, helvétien de l'Algérie, de Corse, de Malte, des Baléares, des Alpes. — Molasse de la vallée du Rhône. 1er étage méditerranéen (pro parte) : couches de Grund, couches de Rakos et de Bya (Hongrie), couches à *P. Zitteli*, etc., de Siuah, molasse de Gebel-Geneffe, près Suez, helvétien de Tunisie et d'Algérie. |
| | Couches de marnes à gypse du Pradon et de Quentar. | Schlier(?) : gypse inférieur à l'helvétien de l'Algérie et de certaines parties de l'Italie. |
| | Discordance. | |
| EOCÈNE moyen. | Calcaires blancs à Alvéolines du littoral. Marnes violacées à Foraminifères et Gastropodes. Calcaires à Nummulites et grès. Calcaires à *Serpula spirulæa, Assilina, Orbitolites* (Montefrio). Marnes versicolores, grès bruns. Couches à galets littoraux. | Nummulitique de Tunisie, de l'Alpago, du Bellunais, de l'Istrie, du Vicentin, etc. |
| | En discordance sur les terrains secondaires. | |

### G. — TERRAINS QUATERNAIRES ET RÉCENTS.

*Historique.* — Les terrains récents relevés ont de tout temps été signalés par les observateurs.

En 1850 Leonhardt les cite près de Velez Malaga à 450 pieds, Hausmann (1844) en fait mention à son tour et Anstedt (1859) trace sur sa carte des environs de Malaga les contours des *raised beaches* ou plages soulevées. Ce fait est à rapprocher des observations d'Hermite, qui a rencontré aux Baléares des brèches quaternaires marines. Quant à nous, n'ayant visité que les environs E. de Malaga, nous n'y avons trouvé que des assises pliocènes relevées; il est possible néanmoins qu'à l'ouest il y ait des *raised beaches* quaternaires.

Dans ce qui suit, nous n'aurons à citer que des formations d'origine terrestre ou fluviatile. Les premières surtout jouent un rôle considérable dans la région.

Déjà Hausmann (1844) a été frappé du grand développement des brèches récentes en Andalousie, et l'on trouve, dans son important mémoire, une série de renseignements excellents sur ce sujet. Hausmann signale également l'abondance des travertins en Andalousie. MM. Taramelli et Mercalli ont remarqué, eux aussi, l'extension et le développement que prennent, en Andalousie, les brèches et les travertins quaternaires. (Periana, Alcaucin, Canillas, Jatar, etc.) Ces auteurs semblent admettre que le régime glaciaire a existé dans cette région. Ils ont été précédés dans cette manière de voir par Schimper, qui a publié, dans le journal *l'Institut,* des observations faites dans le cours d'un voyage botanico-géologique dans le sud de l'Espagne. Schimper signalait en 1859 des moraines dans la vallée du Genil. Dans tout ce que nous avons observé, les cailloutis de la blockformation peuvent seuls avoir donné naissance à cette opinion, et nous avons vu qu'ils sont d'origine essentiellement marine. A Talara, leur substratum calcaire est poli et strié. La roche du camino de los Neveros, signalée par M. von Drasche, présente également des traces d'usure. Mais même si l'on voulait voir dans ces phénomènes la preuve de l'existence des glaciers, il faudrait supposer ces glaciers miocènes.

*Alluvions anciennes.* — A l'intérieur des montagnes arides des sierras d'Alhama et de Zaffaraya, à l'Ouest de la sierra Tejeda, se trouve une petite plaine fertile dont le sol est formé par un sable fin et micacé. Un ruisseau traverse cette oasis et va se perdre sous terre à l'extrémité occidentale du bassin. Au Midi, cette plaine communique de plain-pied avec le col de Zaffaraya qui s'ouvre sur la région nummulitique de Colmenar et d'Alcaucin. C'est là, sans aucun doute, l'emplacement d'un ancien lac, auquel l'échancrure du col actuel a servi de déversoir. Près du cortijo Azafranero, on constate la présence d'une alluvion ancienne à éléments grossiers, empruntés aux terrains cristallins, au jurassique et au nummulitique.

Près de la venta Gema, entre Alhama et Zaffaraya, existe un petit bassin dont le fond est occupé par une couche assez mince d'alluvions anciennes analogues à celles de Zaffaraya; on y remarque des fragments de roches arrachés aux terrains tertiaires, jurassiques et aux massifs cristallins.

Entre Villanueva del Trabuco et la station de Salinas s'étend un plateau couvert d'un limon rouge à fragments de grès et de silex. Cette plaine est traversée par la Luna. Au milieu du plateau émergent de petites collines formées d'un calcaire violet à veines spathiques. Dans les alluvions rouges de la plaine de la Luna se rencontrent des fragments de roches éruptives ophitiques.

Près de Talara, les cailloutis miocènes sont ravinés par de puissants dépôts composés de débris des roches de la sierra Nevada. Au bord du rio Guadalfeo, nous avons remarqué dans ces couches de beaux blocs de talcschistes avec des grenats de la grosseur d'une noisette. D'après leur position souvent assez élevée au-dessus du cours d'eau actuel, il est à présumer que ces alluvions doivent être assez anciennes.

Près de Malaga, sur les bords de la mer, des dépôts de galets roulés reposent sur la tranche des schistes anciens qui constituent le littoral à l'est de cette ville.

En résumé, les alluvions anciennes sont très peu développées dans le sud de l'Andalousie, et il semble permis d'en conclure que la période quaternaire n'a pas été signalée ici par des changements importants dans le relief du sol.

*Brèches superficielles.* — Tout géologue qui visitera les parties méridionales de la région bétique remarquera de prime abord le rôle important que jouent dans cette contrée les dépôts bréchoïdes superficiels. Souvent, dans ses recherches, il sera arrêté par ces manteaux gênants qui déroberont à ses regards la structure véritable du sol qu'il foule aux pieds.

Hausmann (1842) a consacré quelques pages de son mémoire à ces brèches récentes du sud de l'Andalousie. Il en donne une description détaillée et insiste sur la couleur rouge du ciment. Elles sont pour lui formées sur place et la teinte de leur ciment est, dit-il, bien celle qui résulte de la décomposition des dolomies auxquelles elles empruntent leurs matériaux. Il les rapproche avec raison des brèches qui s'observent dans toutes les régions méditerranéennes (Gibraltar, Cette, Antibes, Nice). Une partie de ces roches est, pour lui, de formation marine et fournirait la preuve d'un exhaussement de la côte; d'autres seraient continentales. Depuis lors, nul ne s'est occupé sérieusement de ces dépôts et les renseignements font défaut sur la brèche superficielle du midi de l'Espagne.

C'est dans les parties méridionales de la province de Malaga et de celle de Grenade que l'on voit les plus beaux exemples de ces formations superficielles.

Aux environs de Malaga, les schistes phylladiens et les marbres nummulitiques à Alvéolines sont recouverts en discordance par des brèches composées de fragments de calcaires blancs et de schistes argilo-micacés. La route de Malaga à Torre del Mar per-

met de constater la présence, au pied des escarpements du calcaire
à Alvéolines, d'une brèche superficielle très dure qui recouvre
les terrains sous-jacents d'une manière presque continue. Il en est
de même dans les massifs calcaires qui entourent la sierra Nevada
(Kalke umbestimmten Alters de v. Drasche) et surtout aux environs de Lanjaron. Le village (dont les sources incrustantes étaient
déjà connues d'Ami Boué en 1834) est entouré de formations
modernes, brèches très solides et calcaires rosés d'un très bel aspect. Ces brèches, formées sur place, renferment des *Helix* et sont
constituées par des fragments, solidement cimentés, de calcaire
cristallin et de schistes micacés.

Enfin, dans le voisinage de Padul, les calcaires cristallins sont
recouverts par un manteau de brèches et de conglomérats rouges
probablement quaternaires.

Sur les flancs sud de la sierra Elvira, on peut pour ainsi dire
assister à la formation de cette brèche. Les escarpements sont
couverts de fragments de calcaire mêlés à des coquilles actuelles
d'*Helix*.

Nous y avons réuni en peu d'instants les espèces suivantes [1] :

*Helix candidissima* Drap. ( Très commun.)
——— *gualteriana* Lin. (Assez commun.)
——— *alonensis* Férussac. (Rare.)
*Helix* du groupe de *H. variabilis* Drap. (Commun.)
—— *hispanica* Partsch. [*H. balearica* Ziegler.] (Commun.)
. . . *cespitum* Drap. (Assez rare.)
——— *terrestris* Chemnitz. [*H. elegans* Gmelin.] (Commun.)
— - - *aspersa* Mull. (Commun.)
*Rumina decollata* Bruguière. (Assez rare.)

Par suite du ruissellement des eaux chargées de calcaire, les
fragments de roche finissent par être reliés par un ciment de chaux
carbonatée. Il en résulte, dans les parties profondes du manteau de
groise qui couvre les flancs de la sierra, une brèche à *Helix* assez

---

[1] Ces espèces ont été déterminées par M. Ph. Dautzenberg que nous prions d'accepter nos sincères remerciements.

19.

dure. On y constate la présence de *Helix candidissima* Drap., que nous avons rencontrée vivant encore aujourd'hui à la surface du terrain.

La brèche superficielle à *Helix* est bien développée au peñon de los Enamorados, aux hachos de Loja et au cortijo Enebral. On la retrouve auprès de Cabra. Il semble pourtant que ces brèches se sont formées plus abondamment sur le versant méridional de la chaîne.

La couleur généralement rougeâtre de ces dépôts détritiques doit, selon toute probabilité, être attribuée à la décomposition des calcaires plus ou moins dolomitiques. Il est aisé de constater notamment dans les massifs dolomitiques appartenant au jurassique qui entourent le col d'Alfarnate, qu'en se décomposant ce calcaire a donné naissance à des terres rouges. Ce sont ces terres qui, imprégnées par les eaux calcaires, forment le ciment des brèches superficielles.

*Tufs et travertins.* — Il nous reste à dire quelques mots des produits du suintement et du ruissellement qui, par suite de l'évaporation rapide des eaux sous le climat méridional de l'Andalousie, ont acquis un grand développement dans la contrée. Ce sont principalement les calcaires cristallins anciens qui, soit à cause de leur situation plus méridionale, soit par suite de leurs propriétés chimiques, ont donné lieu à de puissants dépôts de tufs et de travertins qui recouvrent les flancs des sierras en les entourant sous forme de corniches.

Derrière le village d'Albunuelas, ces travertins atteignent une épaisseur de presque 100 mètres; ils occupent le pied des chaînes calcaires anciennes et recouvrent la molasse helvétienne. Il en est de même près de Velez (route de Motril), où ils sont associés à des brèches superficielles, et dans le voisinage de Motril.

Les produits du ruissellement, travertins et tufs à végétaux, couvrent une grande partie du versant que suit le chemin d'Alcaucin à Periana. Dans les tufs s'est rencontrée une empreinte d'Isopode.

Derrière Periana les calcaires concrétionnés montrent des végétaux et des empreintes diverses. En se dirigeant vers les bains de
Vilo, on voit des cavernes, creusées dans le tuf, qui se sont ef-
fondrées par suite des secousses du 25 décembre. Au-dessus du
cortijo Guaro et près du col qui relie les bains de Vilo à Zaffaraya, les tufs sont remplis d'*Helix* munies encore de leur test. A
l'est de Lanjaron, près d'un moulin, ces tufs prennent également
un beau développement. Si l'on quitte, près de la venta de las Angustias la chaussée de Grenade à Motril, on traverse pendant un
certain temps les cailloutis tortoniens; mais en montant la route de
Lanjaron, on voit la Blockformation recouverte par des tufs calcaires.

Les tufs forment également au pied des chaines calcaires, à l'est
de Guevejar, de vastes entablements. On y rencontre des restes de
végétaux et de coquilles terrestres.

Des amas de tufs et de travertins bordent la route de Salar à la
sortie de Loja. Entre la gare et la ville de Loja plusieurs petites
buttes sont formées de tuf calcaire. Enfin dans la ville même, près
de l'entrée de la route de Colmenar, il existe un ravin dans lequel
nous avons signalé plus haut des calcaires qui paraissent appartenir
au dogger; on y trouve un dépôt local de tuf à *Helix* fort intéressant par sa puissance (4 à 5 mètres) et la belle conservation de ces
coquilles. On y récolte en abondance *Helix hispanica* Partsch (= *H.
balearica* Ziegler); on y trouve aussi, mais plus rare, *Helix variabilis* Drap.

Ces deux espèces vivent encore actuellement dans le pays;
nous en avons recueilli un grand nombre à l'état vivant. Dans le
nord de la région, les calcaires ont également fourni aux eaux la
matière d'importants dépôts tuffacés.

Les tufs récents recouvrent le trias en maints endroits entre
Priego et Cabra. A Carcabuey, ils occupent le sommet de la colline qui supporte le village. On a signalé la présence de tufs analogues dans beaucoup de points des régions méditerranéennes, en
Corse, etc.

*Alluvions modernes.* — Les alluvions modernes ne sont pas très développées dans la région que nous avons explorée. Les *barrancos* sont remplis en partie par les blocs de toutes sortes que charrient les torrents. C'est dans ces barrancos que l'on peut recueillir souvent des grenats et des minéraux rares de la sierra Nevada. Le Genil et les autres rivières sont la plupart du temps trop encaissées pour donner lieu à des dépôts étendus d'alluvions. Cependant la fertile vega de Grenade est occupée en partie par les graviers du Darro et du Genil.

Sur la côte, de grandes plaines alluvionnaires connues sous le nom de *hoyas* existent à l'embouchure de tous les cours d'eau d'une certaine importance. Citons les hoyas de Malaga à l'embouchure du Guadalmedina, de Torre del Mar à l'estuaire du rio de Velez et celle de Motril, à l'endroit où le Guadalfeo gagne la mer.

Nous rappellerons, pour terminer ce qui a trait aux formations récentes, que les éboulements bien connus de Guaro et de Guevejar n'ont affecté que des dépôts essentiellement superficiels. Dans la première localité, ces dépôts assez puissants reposaient sur les marnes nummulitiques et les eaux circulant souterrainement sur ces marnes avaient préparé de longue date le glissement d'ensemble qui s'est effectué sous forme d'un véritable cône de déjection au pied de la sierra de Marchamonas; à Guevejar, un glissement analogue a affecté des tufs et des graviers superposés aux marnes du miocène supérieur.

# IV

## ROCHES ÉRUPTIVES.

Les roches éruptives jouent un rôle peu important dans la chaîne subbétique; disposées en pointements et en filons, elles ne forment pas de masses bien considérables et leurs affleurements sont alignés dans la direction générale de la grande bande secondaire, d'Antequera à Loja et à Montillana en passant par la sierra Elvira; ils se continuent dans la province de Cadix [1].

Toutes ces roches, signalées sous les noms de trapp, de diabase et d'ophite dès les travaux de Silvertop, appartiennent, d'après M. Michel Lévy, qui les a étudiées, à la série ophitique; elles se montrent généralement au milieu des assises triasiques; dans le nord de la région, elles traversent les couches fossilifères du lias et se présentent en contact avec le néocomien.

*Bande triasique d'Antequera.* — Les argiles rouges gypsifères et les grès du trias sont percés en de nombreux points par l'ophite. Sur le chemin d'Antequera à Gobantes, on rencontre un grand nombre de ces affleurements; au S. O. du cortijo Bellavista et de la ferme de las Perdrizes, une colline est entièrement constituée par cette roche; on y a fait sans succès des recherches de minerai de fer. Non loin de là, du côté d'Antequera, nous avons remarqué un filon de spilite, appartenant toujours à la série ophitique.

Aux portes de la ville d'Antequera, le long de la chaussée de Malaga et au pied de la montagne du Torcal, ce sont des porphyrites andésitiques qui traversent les marnes du trias.

Si l'on continue à suivre vers l'est la bande triasique, l'on ne tarde pas à rencontrer, près du pic des Enamorados, de nouveaux pointements d'ophite au milieu des marnes gypsifères très bouleversées.

A Villanueva del Rosario, le sol est jonché de fragments d'ophite et de spilite, indiquant le voisinage probable d'affleurements de ces roches.

*Environs de Loja.* — Sur le flanc N. O. de la montagne liasique connue sous le nom de Hachos de Loja, les argiles du trias sont accompagnées d'affleurements ophitiques et les cailloux que char-

---

[1] Ces ophites ont été, comme on sait, l'objet de remarquables études de la part de M. Macpherson.

rient les ruisseaux paraissent indiquer que les filons sont nombreux
au nord de ce point. Il en est de même au N. E., où apparaît le
trias sur le chemin de Montefrio; près du cortijo de Chosa del
Olivo nous avons constaté la présence de filons d'ophite assez
nombreux.

Entre Loja et le rio Milano, les ophites sont accompagnées de
brèches ophitiques.

*Région jurassique au nord de Grenade*[1]. — La grande route qui
relie Grenade à Jaen pénètre, non loin d'Iznalloz, dans un massif
calcaire. Ces montagnes font partie de la chaîne secondaire qui,
de Gibraltar à Murcie, longe au nord les terrains anciens de la
Cordilière bétique.

Un excellent observateur, Hausmann[2], attira dès 1842 l'attention sur des filons d'une roche éruptive traversant dans cette région
des couches relativement récentes. M. Gonzalo y Tarin a montré
que ces dykes percent les assises jurassiques.

Nous avons eu l'occasion d'étudier aux environs de Noalejo et
de Campotejar un certain nombre de ces filons signalés sous le nom
de *diorites* par M. Gonzalo y Tarin[3]. Les conditions dans lesquelles on les rencontre sont les suivantes : les environs de la
venta de las Brajas sont constitués presque exclusivement par les
calcaires marneux du lias et du néocomien. Le toarcien se compose

---

[1] Note de M. W. Kilian.

[2] On trouvera dans l'ouvrage d'Hausmann (1842) une description excellente
pour l'époque où elle a été faite, de la
contrée qui sépare Grenade de Jaen.
Hausmann signale dans les marnes
rouges et les calcaires (où nous avons
rencontré des Ammonites toarciennes)
la présence de rognons de gypse et
montre que ces couches ont été déran-
gées de leur position normale et contournées par des actions éruptives. Il
cite, aux environs de Campillo, du mi-

nerai de fer. Ce cortège de minéraux se
relie d'après lui à la présence d'une roche
(Hyperstenfels) voisine des diabases qu'il
a rencontrée en gros blocs dans la région. Il attire l'attention sur l'âge relativement récent de cette roche, dans laquelle
nous reconnaissons sans peine notre
ophite, et que l'on n'était pas habitué
à rencontrer au milieu de dépôts secondaires.

[3] Gonzalo y Tarin. *Reseña física y
geologica de la provincia de Grànada.*
Madrid (Boletin), 1881.

là de marnocalcaires bien lités d'un gris très clair, alternant avec des marnes schisteuses. Ces couches renferment de nombreuses Ammonites du groupe des *Harpoceras* : *Am. radians*, *Am. Levisoni*, *Am. bifrons*, etc. La présence de ces bancs donne aux collines qui bordent la route une teinte blanchâtre caractéristique. En examinant de près les abords de la venta, on ne tarde pas à remarquer au milieu des champs un certain nombre de taches foncées, causées par des affleurements de roches éruptives appartenant à la série désignée habituellement sous le nom de *série ophitique*. Les débris de ces roches jonchent le sol sous la forme de boules ou de miches rougeâtres à l'extérieur et présentant une structure écailleuse.

La route coupe quelques-uns de ces accidents et montre que ce sont de véritables filons traversant les assises du lias supérieur. A quelques centaines de mètres au sud de la venta de las Brajas, les tranchées permettent d'observer un filon de porphyrite labradorique et augitique, à structure mi-partie ophitique, mi-partie microlitique, pénétrant dans les calcaires marneux à *Am. radians* et englobant un bloc à Bélemnites. (Voir la coupe fig. 34.)

Fig. 34. — Coupe relevée entre la venta de las Brajas et Campotejar.

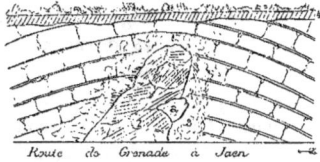

1. Calcaire marneux et marnes à *Am. radians*.
2. Bloc de calcaire marneux à Bélemnites, pareil au précédent, enclavé dans la roche éruptive.
2. Porphyrite labradorique et augitique.
3. Marne à cristaux de gypse et rognons de silex vert.
4. Terre végétale.

La roche éruptive est entourée d'une auréole de marne foncée à petits cristaux de gypse et rognons de silex verts caractéristiques.

IMPRIMERIE NATIONALE.

Les dykes ophitiques sont également très nombreux au voisinage de la Fabrica de Nuestra Señora del Carmen où ils traversent encore nettement le toarcien fossilifère.

Il en est de même plus au sud, entre Zegri et la venta de las Navas; l'ophite se rencontre là dans les couches à *Am. Levisoni* et *Am. mucronatus*, toujours accompagnée de marnes verdâtres avec gypse et quartz. (Voir coupe fig. 35.)

Fig. 35. — Coupe relevée entre Zegri et la venta de las Navas.

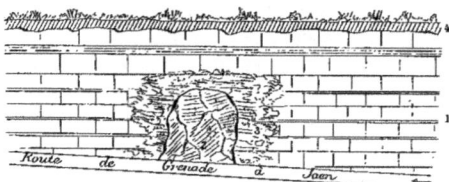

1. Calcaire marneux en bancs réguliers à *Am. bifrons*, *Am. Levisoni*.
2. Ophite.
3. Marne foncée à cristaux de gypse et quartz, formant auréole à l'ophite.
4. Terre végétale.

Plus au nord, près du petit village de Montillana, existent des affleurements étendus de calcaires marneux alternant avec des marnes schisteuses. Ces couches, fortement ondulées, représentent le lias supérieur (*Am. Levisoni*, *Am. radians*) et la zone à *Am. Murchisonæ* (*Am. Murchisonæ*). On y voit d'une façon assez nette pour ne pas pouvoir être contestée, des dykes d'ophite engagés dans les assises fossilifères. La roche éruptive dans laquelle M. Michel Lévy [1] a reconnu une diabase andésitique à structure ophitique,

[1] M. Michel Lévy a bien voulu examiner les échantillons recueillis aux environs de Campotejar et de Noalejo. Voici le résumé de ses observations :

1. *Échantillon de Montillana.* — Roche pénétrant dans le lias supérieur. Diabase à structure ophitique (très belle, à assez grands cristaux).

Structure. Roche entièrement cristalline : cristaux d'oligoclase allongés suivant *pg¹* et surtout aplatis suivant *g¹*; mâcle de l'albite. La roche est riche tout à fait à paralléliser avec les ophites des Pyrénées, englobe des fragments du calcaire liasique. Il s'est développé dans la partie des bancs voisine des filons, de nombreux silex verts.

Entre Montillana et Noalejo, l'ophite est accompagnée d'amas de fer oxydulé. Ce minerai a été exploité.

Les roches de Montillana et de la venta de las Brajas appartiennent par conséquent incontestablement à la série ophitique; ce

en feldspath. Grandes plages de pyroxène englobant les microlites précédents; il est brunâtre avec ses deux clivages bien marqués ; pas de tendance à passer au diallage; passe par décomposition à de l'actinote finement radié, puis à la chlorite et même à la calcite. Un exemple d'épigénie du pyroxène en biotite.

Résumé : diabase andésitique, structure ophitique bien franche à assez gros grains; tout à fait à paralléliser avec les ophites des Pyrénées.

2. *Échantillon de Montillana.* — Roche identique à la précédente, renfermant plus de chlorite.

3. *Échantillon de Montillana.* — Idem.

4. *Échantillon de Montillana.* — Les microlites d'oligoclase encore nettement visibles, beaucoup plus allongés que précédemment, douze fois plus longs que larges; la mâcle de l'albite et celle de Carlsbad y apparaissent. Fer oxydulé et titané en traînées rectilignes très allongées. Pyroxène entièrement transformé en chlorite et calcite remplissant les interstices des microlites feldspathiques. La roche paraît avoir eu, avant sa décomposition par les actions secondaires, une structure porphyritique et non plus ophitique. C'est bien une roche de contact refroidie plus brusquement.

5. *Échantillon de la venta de las Brajas.* — Traverse les couches du lias supérieur à *Am. radians*. (Voir coupe fig. 34.) Porphyrite labradorique et augitique à structure mi-partie ophitique, mi-partie microlitique. Éléments de première consolidation : grands cristaux de labrador présentant les macles de l'albite et de Carlsbad. Fer oxydulé. Éléments de deuxième consolidation : microlites de labrador, magma vitreux rempli de grilles rectangulaires de fer oxydulé. Le silicate magnésien est entièrement transformé en chlorite; certaines plages, primitivement de pyroxène, sont encore lardées de microlites de labrador, certaines autres pourraient à la rigueur présenter des sections appartenant au péridot(?).

6. *Échantillon de même provenance.* — Même roche que la précédente. Augite conservée par places.

7. *Échantillon de silex vert.* — S'est développé dans les assises du lias supérieur au voisinage d'un filon d'ophite. Montillana. Principalement composé d'opale extrêmement éteinte entre les nicols croisés. Quelques très petits sphérolites calcédonieux très imprégnés d'opale. Quelques fines aiguilles d'actinote clairsemées.

8. *Minerai de fer.* — Exploité au voisinage des filons d'Ophite de Montillana. Fer oxydulé avec quelques impuretés (calcite et quartz).

20.

sont bien des roches éruptives, elles sont en place, non remaniées, et pénètrent en dykes et en filons dans les assises du lias supérieur. La nature et la position de ces filons, la manière dont ils ont modifié la roche sédimentaire encaissante, écartent de prime abord toute hypothèse qui tendrait à expliquer par une dislocation postérieure le contact de l'ophite et des bancs liasiques[1].

*Nord de Montefrio.* — Si l'on suit le sentier qui conduit de Montefrio à Priego, on traverse pendant un certain temps de puissantes assises nummulitiques, des grès fins, des calcaires à Nummulites, des marnes rouge-brique et des calcaires marneux d'un blanc jaunâtre. Bientôt on quitte ces couches pour pénétrer dans un massif formé de calcaires marneux en dalles, à silex, de marnes rouges et de schistes rouges à *Aptychus* néocomiens.

Au cortijo Lojidia, la nature du terrain change : au milieu des schistes s'élève une petite butte ophitique. Ce tertre supporte la ferme, il est entouré de toutes parts par des calcaires et des schistes à *Aptychus*; vers le N. O., il est adossé à un massif de calcaires marneux d'un blanc jaunâtre avec filets de marnes bleuâtres. Ces calcaires renferment des Ammonites mal conservées qui paraissent appartenir à des formes néocomiennes. En poursuivant ces couches on les voit, du côté de Priego, recouvrir des calcaires bleus compacts et puissants qui sont eux-mêmes en relation intime avec des marnocalcaires à *Am. infundibulum* et *Am. subfimbriatus.* Les ophites de Lojidia sembleraient donc d'âge néocomien ou tout au moins jurassique supérieur, si d'un autre côté, on ne pouvait rapprocher ce fait des apparitions de marnes irisées avec gypse au milieu des terrains crétacés, et supposer alors que ces ophites, comme ces marnes irisées, représentent le fond de l'ancienne mer crétacée.

[1] Ce fait est à rapprocher de ceux qu'ont signalés dernièrement M. Viguier dans les Corbières (*Comptes rendus*, 12 juillet 1886) et Stuart Menteath (*Bull. Soc. géol. de France*, 3ᵉ série, t. XIV, p. 587) dans les Pyrénées occidentales.

# V

## DESCRIPTION GÉOLOGIQUE DE LA RÉGION PARCOURUE.

### (Pl. III.)

Nous avons déjà eu l'occasion, dans la description successive des différents étages, de mentionner la plus grande partie des observations que nous réunissons dans ce chapitre. Nous essayons seulement ici de les grouper autrement, chaînon par chaînon, de manière à donner une idée au moins sommaire de la structure de la région. Notre séjour en Andalousie a été trop court pour qu'il puisse s'agir d'une description complète ; c'est plutôt une explication de la carte jointe à ce mémoire, avec quelques coupes à l'appui.

Cette explication nous a semblé nécessaire : la lecture de la carte, sans parler même de son imperfection et du trop petit nombre des subdivisions, présente en effet des difficultés un peu analogues à celles qu'on rencontre pour l'étude sur le terrain, et tenant aux mêmes causes. Les traits principaux de la structure des chaînes subbétiques sont masqués en partie par les deux grandes transgressions tertiaires, celle du nummulitique et celle du miocène. Il est vrai que les actions de refoulement et de plissement se sont continuées ou ont repris après le dépôt du nummulitique et les couches éocènes se montrent souvent aussi bouleversées que celles du jurassique ou du crétacé. Mais ces plis, sans doute influencés par le relief déjà acquis de la chaîne, sont irréguliers et comme capricieux ; ils ne montrent plus une orientation générale des synclinaux et des anticlinaux, en rapport avec la direction générale de l'effort orogénique. Il convient donc de faire abstraction aussi bien des recouvrements nummulitiques que des recouvrements miocènes, si l'on veut arriver à coordonner et à raccorder entre eux les différents chaînons et les différents accidents de la région. C'est alors d'après des lambeaux disséminés qu'il faut essayer de reconstruire l'ensemble, et un coup d'œil sur la carte montre que, ces lambeaux fussent-ils bien tous connus dans leurs détails, une part assez large est encore laissée à l'interprétation.

Ces difficultés sont beaucoup moins marquées pour la région située au nord du bassin tertiaire de Grenade; là, en effet, les affleurements tertiaires ont une bien moins grande extension. Mais nous n'avons pu faire qu'un petit nombre de courses de ce côté, et de plus nous nous heurtons là à une nouvelle difficulté : la transgressivité probable du crétacé. On peut admettre que c'est par faille qu'il est en contact avec le trias au nord de Loja; mais du côté de Montefrio et de Carcabuey, il semble reposer directement sur le trias et sur le lias, et son contact avec le lias du versant nord de la sierra Parapanda, avec ses entrées profondes dans les intervalles des chaînons, semble plutôt un contact de discordance que de faille.

Il se pourrait donc que de ce côté la présence du crétacé, pas plus que celle du nummulitique au sud, n'indiquât pas avec certitude l'existence d'un synclinal. Il y a là un obstacle sérieux à reconnaître l'allure et la continuité des plis.

Nous avons cru cependant qu'il pouvait être utile de réunir dans un schéma d'ensemble les résultats auxquels nous sommes arrivés à ce point de vue. Si quelques-uns sont hypothétiques, les lignes dont nous sommes plus certains se suivent avec une conformité d'allures assez grande pour nous donner une certaine confiance dans la réalité de nos interprétations.

La première ligne à reconstruire est celle du contact entre les terrains primaires et secondaires, la limite entre la chaîne bétique et les chaînes subbétiques. Comme nous l'avons dit, sauf au sud d'Alhama et au nord de Grenade, elle est partout masquée par le nummulitique et par le miocène. C'est d'ailleurs là une ligne idéale dont il ne faudrait pas exagérer l'importance; il est clair en effet qu'une chaîne étant donnée, cette ligne variera sans nouveau mouvement du sol, par le seul fait des dénudations. Nous l'avons

simplement tracée en suivant à peu près les inflexions des axes
successifs de plissements. Nous ferons seulement remarquer que,
sur le chemin d'Alfarnate au cortijo de l'Enebral, un peu sur la
gauche, nous avons observé un petit pointement de phyllades au

Fig. 36. — Schéma représentant les dislocations de la contrée étudiée dans ce mémoire.

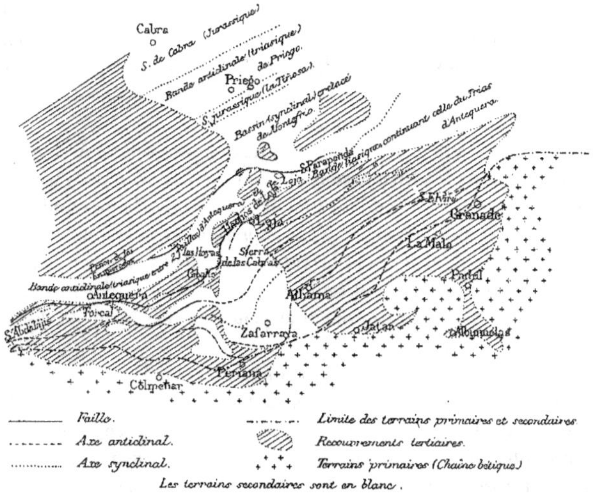

milieu du nummulitique; d'un autre côté la carte de M. de Orueta
figure des lambeaux jurassiques plus au sud, autour de Colmenar;
la première observation devrait faire bomber notre ligne vers le
nord au-dessus de Colmenar, la seconde au contraire la ramener
davantage vers le sud. Ce petit fait était peut-être bon à rappeler
pour montrer que cette ligne est en tout cas un peu arbitraire et
n'a qu'une existence tout à fait subjective.

Un peu au nord de cette ligne se trouve la bande triasique
d'Antequera et de Loja, dont la continuité fournit un point de re-

père précieux. Cette bande jusqu'à Loja est bordée continuelle-
ment par le nummulitique; c'est donc hypothétiquement, d'après
la différence de ses allures avec celle des chaînons jurassiques voi-
sins, que nous la limitons de ce côté par une faille. Les collines
liasiques de Salinas, de las Hoyas, des Hachos de Loja, s'y rattachent par superposition directe. Il nous semble en être de même
de la sierra Parapanda. La faille déjà signalée qui, le long de la
route de Loja à Colmenar, sépare le lias du crétacé, de même celle
qu'il faut supposer dans le défilé de Loja pour expliquer la composition différente des collines qui le bordent, seraient alors la
continuation de la précédente.

Au nord de la bande, deux îlots jurassiques, celui d'Archidona,
et le peñon de los Enamorados, butent par faille contre le trias; le
reste du temps, la bande est limitée d'abord par le nummulitique
puis au N. E. par le crétacé. Nous supposons que ces contacts avec
les lambeaux jurassiques et le crétacé marquent également la place
d'une faille continue, qui seulement du côté de Montefrio et de
la sierra de Parapanda deviendrait peut-être une ligne de discordance.

Il est bon de noter que nous connaissons en Provence, dans la
région de Toulon, des exemples tout à fait semblables de bandes
étroites de trias (Muschelkalk et marnes irisées) se poursuivant
ainsi entre deux failles sur une longueur de plusieurs kilomètres,
entre des assises jurassiques beaucoup moins fortement plissées.

Entre la bande triasique et la chaîne bétique, plusieurs plis
semblent se poursuivre sur une assez grande longueur. Au sud de
la sierra de Abdalajis, tout à fait à l'ouest de notre champ d'études,
deux anticlinaux rapprochés font apparaître le trias et l'infralias.
Leur continuation va se perdre sous le nummulitique. Plus à l'est,
auprès de la grande route de Loja à Colmenar, on trouve également
deux anticlinaux se succédant à assez faible distance, l'un au-
dessus, l'autre au-dessous d'Alfarnate. Le premier se continue sous
forme de faille, au S. O. à travers la sierra de Saucedo (est de Villanueva); au N. E., on peut le suivre sous forme de pli, de moins

en moins accusé, dans la sierra de Loja, jusqu'au pied du Sillon Bajo, où il fait apparaître les calcaires bien lités du dogger. Le second de ces anticlinaux fait affleurer l'infralias et un peu de marnes triasiques auprès d'Alfarnatejo et semble là s'infléchir vers le S. E. Nous supposons que ces deux plis sont la continuation de ceux de la sierra de Abdalajis.

Entre eux prend naissance un nouvel anticlinal qui forme la sierra de Marchamonas, au sud de Zaffaraya. Après le cortijo Azafranero, où la limite des terrains anciens se fait sans doute par faille, il se confond avec elle, puis, s'infléchissant vers le nord, va se continuer probablement au nord de l'îlot jurassique des Baños d'Alhama. En suivant cette direction jusqu'auprès de Grenade, on rencontre l'anticlinal de la sierra Elvira, qui fait apparaître les marnes irisées à Pinos Puente. (Pl. IV.)

Les synclinaux qui séparent ces plis sont bien marqués dans la sierra de Loja par la bande d'affleurements crétacés de las Chozas et par celui de la source du Monachil (Manzanil). Plus au N. O., on trouve dans la même chaîne la trace d'un dernier anticlinal moins important qui vient aboutir auprès de Loja et s'y confondre avec la faille du défilé.

Tous ces plis anticlinaux de la sierra de Loja y sont déjà moins marqués qu'au S. O.; ils s'effacent de plus en plus et ne correspondent plus, entre la sierra Parapanda et la sierra Elvira, qu'aux ridements secondaires du grand synclinal qui sépare les deux chaînes et dont l'existence est accusée par une série d'affleurements crétacés émergeant en îlots au milieu du miocène entre Illora et Pinos Puente.

Enfin au N. O. de la bande triasique de Loja, nous voyons se succéder le bassin crétacé de Montefrio, la chaîne jurassique de la Tiñosa et la bande anticlinale triasique de Priego. Ces différentes bandes, en arrivant dans la province de Jaen, s'inclinent de plus en plus en remontant vers le N. N. E.

Nous répétons ici qu'il n'est pas prouvé que le bassin crétacé de Montefrio corresponde à un grand synclinal des terrains juras-

siques. Le contour irrégulier et dentelé des deux lignes qui le séparent de la chaîne liasique du sud et de celle du nord (jurassique
indéterminé), les îlots liasiques ou même triasiques qui y font
saillie au milieu des couches crétacées, autorisent l'hypothèse d'une
discordance. Dans ce cas, il serait impossible de dire jusqu'à nouvel ordre dans quelle mesure des dénudations postjurassiques ont
contribué, aussi bien que les plissements postérieurs, à déterminer
la place des affleurements crétacés actuels. Quoi qu'il en soit, il y
aurait même à ce point de vue une grande différence à établir
entre la discordance nummulitique qui a donné aux affleurements
tertiaires une forme tout à fait irrégulière, et la discordance crétacée qui laisse les affleurements crétacés s'orienter suivant la direction commune des plis successifs.

Nous croyons que ce court exposé suffit à montrer la significa-
tion de notre schéma, et la large place laissée à des rectifications
ultérieures. Nous devons pourtant insister encore sur le fait qui
s'y trouve mis en évidence et qui *résulte pour nous avec une certitude
presque complète de l'ensemble de nos études* : c'est *l'absence* ou au
moins s'il en existe qui nous aient échappé, *le peu d'importance des
accidents transversaux* [1]. Sans doute une inflexion de l'axe des plis,
telle que celle qui s'observe à l'ouest de la chaîne de Loja, peut être
considérée comme relevant du même ordre de phénomènes; entre
cette inflexion et une faille transversale, il y a, si l'on veut, la même
connexion qu'entre les plissements et une faille longitudinale. Mais
ces inflexions marquent seulement une *tendance* à la production
d'accidents transversaux, et la tendance ici n'a pas été assez accusée
pour les produire. Nous attachons une certaine importance à cette
remarque, car l'étude des terrains cristallins a conduit au contraire
à attribuer aux accidents transversaux un rôle considérable dans les
derniers tremblements de terre.

[1] MM. Taramelli et Mercalli sont arrivés à la même conclusion que nous et insistent dans leur mémoire sur l'importance des accidents longitudinaux, tout en restreignant le rôle des accidents transversaux. M. Fraas, au contraire, assigne à ces derniers une valeur très grande dans la structure de la région.

### SIERRA DE ABDALAJIS.

Nous commencerons par l'ouest l'étude successive des chaînons sans insister de nouveau sur leurs positions ni sur leurs relations respectives avec l'ensemble de la chaîne.

La sierra de Abdalajis est facile à étudier dans les tranchées du chemin de fer de Malaga (fig. 37). Elle forme une série de plis dirigés à peu près de l'ouest à l'est et englobant de nombreux lambeaux crétacés. Entre les tunnels 6 et 9, on y voit un curieux exemple de glissement ou d'effondrement semi-circulaire; c'est une masse de calcaires tithoniques, d'ailleurs peu bouleversés, qui butent de toutes parts contre le trias ou le jurassique inférieur.

Fig. 37.

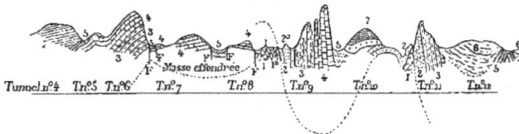

1. Marnes irisées.
1'. Bancs fossilifères à *Avicula præcursor*.
2. Lias.
2'. Calcaire oolithique.
3. Calcaires du jurassique moyen.

4. Tithonique.
5. Marnes rouges crétacées.
6. Nummulitique.
7. Molasse marine (helvétien).

Le jurassique, dans cette chaîne, est presque uniformément formé de calcaires blancs, compacts ou oolithiques; les intercalations marneuses ou grumeleuses de la partie supérieure montrent, grâce aux Ammonites qu'on peut y récolter, que le tithonique atteint là au moins 120 mètres d'épaisseur; il y a réduction corrélative d'épaisseur, en même temps qu'uniformisation du faciès pour les autres étages. C'est pourtant là, comme nous l'avons dit, que nous avons pu constater les seuls fossiles bathoniens de la région.

Voici la coupe que nous avons relevée le long de la voie :

Après avoir traversé trois tunnels creusés dans la molasse marine, on voit, à l'entrée du tunnel n° 5, affleurer le crétacé sous

21.

forme de marnes rouges durcies et feuilletées, en discordance apparente avec le massif calcaire jurassique que traverse le tunnel; on le retrouve, près du tunnel n° 6, constitué par des dalles blanches marneuses et régulièrement superposé à une série puissante de calcaires jurassiques, qui pendent vers le nord. Il est difficile, sous les tunnels, de faire des observations précises sur la composition et la succession de ces calcaires.

Du tunnel 6 au tunnel 9, on reste dans une grande dépression bordée au nord, au sud et à l'ouest par des chaînons calcaires abrupts, tandis qu'à l'est les côteaux calcaires et marneux s'abaissent en pente plus douce vers la voie ferrée. La ligne des affleurements jurassiques est absolument continue dans tout le cirque des côteaux abrupts; l'examen des côteaux du sud, joint à la considération du pendage et de l'épaisseur dans les côteaux du nord, permet de conclure que la base des escarpements est partout formée de lias ou de jurassique inférieur. La dépression centrale devrait donc régulièrement être en majeure partie occupée par le trias, que nous allons en effet rencontrer un peu plus au sud : au lieu de cela, c'est le tithonique qui l'occupe et qui, avec des lambeaux de crétacé, la recouvre d'un manteau continu. Il y a donc eu effondrement dans l'axe de l'anticlinal, peut-être avec glissement des bancs dans la direction de cet axe, et comme résultat une faille en demi-cercle, que malgré la petitesse de l'échelle, nous avons pu figurer sur la carte.

Les tranchées de la voie, auprès des tunnels 7 et 8, ainsi que les pentes calcaires qui les surmontent à l'est et sont formées par les mêmes bancs, nous ont fourni des *Aptychus* costellés, quelques Bélemnites et des Ammonites nettement tithoniques (*Am. silesiacus, Am. colubrinus, Am. ptychoicus*, etc.). Dans les lambeaux crétacés, près d'un cortijo à l'est de la voie, nous avons trouvé l'*Ammonites Astieri*.

Après le tunnel 8, on tombe immédiatement dans les marnes irisées. On y voit des bancs de dolomies jaunes, des bancs de gypse, des calcaires noirs bien lités, et une assise brunâtre à Natices, *Avicula praecursor* et *Myophoria vestita*. Un pli secondaire ramène deux fois l'affleurement de ces couches; puis la série jurassique tout entière leur succède en bancs à peu près verticaux, sur, une épaisseur de 250 à 300 mètres.

Ce sont d'abord des calcaires grumeleux, grossièrement oolithiques, d'un blanc grisâtre, qui forment une petite crête rocheuse avant le tunnel; les Nérinées et les Natices y abondent, malheureusement indéterminables; mais la position stratigraphique, l'analogie des Nérinées avec celles de Villanueva del Rosario, permettent avec certitude de rapporter ces couches au lias moyen. Une petite dépression remplie d'éboulis sépare cette crête du tunnel.

Les bancs que traverse le tunnel peuvent mieux s'étudier en suivant un étroit sentier qui, à l'est, franchit la crête principale. C'est d'abord une oolithe miliaire dont la partie supérieure montre quelques coupes de Gastéropodes; puis viennent des calcaires compactes, le tout formant une masse très uniforme, où l'on peut espérer que quelques trouvailles de fossiles démontreront un jour la présence de plusieurs horizons, mais où il sera toujours impossible de préciser et de suivre la limite d'étages distincts. Comme nous l'avons déjà dit, la continuité des assises et des caractères lithologiques nous semble seulement résulter d'une sédimentation ininterrompue, et nous ne faisons aucun doute que cette série homogène ne représente tout le jurassique jusqu'au tithonique.

Le tithonique est lui-même composé de calcaires compactes, avec quelques intercalations de lits grumeleux et noduleux, rougeâtres par places et fossilifères. Il apparaît dans le tunnel près d'un endroit où la voie traverse une fente gigantesque, de quelques mètres seulement de largeur, parallèle aux plans de stratification. Les Ammonites, en général à apparence roulée, formant nodules, sont nombreuses sur les parois, mais rarement bien conservées; nous avons pu y déterminer l'*Am. silesiacus*.

Cent mètres plus loin, à la sortie du tunnel, un autre banc vertical, bréchoïde, contient les mêmes Ammonites et forme la partie

supérieure du tithonique; le crétacé rouge s'y applique en bancs
également verticaux. Puis vient la molasse, discordante, en cou-
.ches presque horizontales, présentant à sa base un conglomérat à
galets volumineux et couronnant tous les sommets à l'ouest de la
ligne de chemin de fer.

Après la molasse, que traverse le tunnel n° 10, on rencontre
des calcaires un peu dolomitiques, bien lités, que nous attribuons
à l'infralias; ces bancs, d'abord légèrement inclinés vers le nord,
s'infléchissent brusquement jusqu'à la verticale, puis se relèvent
par un coude brusque, pour laisser apparaître dans un étroit anticlinal un peu de marnes irisées avec gypse. Le tunnel n° 11 et les
tranchées qui le bordent traversent la retombée sud de ce pli; ce
sont d'abord des calcaires bleus, représentant sans doute le lias;
puis, à la sortie du tunnel, des calcaires jaunâtres à taches bleues,
avec minces filets de marnes verdâtres, où nous avons trouvé
*Heligmus polytypus,* avec de nombreux Brachiopodes bathoniens
(voir plus haut); ces calcaires présentent une structure bréchoïde
très spéciale. Le nummulitique (tunnel n° 12) s'appuie contre eux
en discordance, sans intermédiaire de tithonique. Au milieu du
nummulitique, en arrivant à la station d'El Chorro, on voit apparaître un lambeau de calcaires marneux crétacés, formant une petite crête isolée. Au S.E. de la station, on aperçoit encore une
colline jurassique que nous n'avons pas explorée et qui s'appuie
directement sur les phyllades.

Une autre course dans la sierra, entre Gobantes et las Perdrices,

Fig. 38. — Coupe relevée entre Gobantes et le cortijo de las Perdrices.

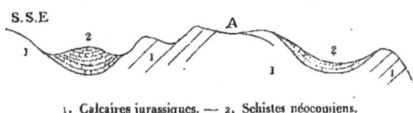

1. Calcaires jurassiques. — 2. Schistes néocomiens.

c'est-à-dire dans la partie N.E. de la chaîne, nous a permis de
constater la multiplicité des lambeaux crétacés pris dans les plis du

jurassique. Ce sont toujours les mêmes marnes, très calcaires et très fortement schisteuses, rouges ou blanches, et sans fossiles; on y rencontre parfois des silex jaunâtres et des rognons de jaspe. Elles donnent souvent l'illusion complète d'un dépôt formé dans les anfractuosités préexistantes du calcaire jurassique (fig. 38).

Les deux bandes nummulitiques qui bordent au nord et au sud la sierra Abdalajis, se réunissent à l'est du côté d'El Valle de Abdalajis, où le nummulitique renferme des galets jurassiques. La chaîne est en cet endroit comme submergée par les marnes éocènes, au milieu desquelles deux petits pitons calcaires (Orejas de la Muela) apparaissent encore et marquent la continuation souterraine de l'arête calcaire avec les sierras du Camorro et du Torcal.

### CHAINE DU TORCAL ET DU CAMORRO.

La sierra de Fuenfria se continue à l'est par les sierras du Camorro et du Torcal, toujours comprises entre les deux bandes éocènes, et formées de calcaires jurassiques flanqués de schistes rouges néocomiens.

La chaîne du Torcal surtout est intéressante et fort pittoresque; on y monte d'Antequera. Le sentier gravit la chaîne calcaire et aboutit à un petit col qui montre les schistes marneux du néocomien reposant sur le jurassique ou plissés dans ses anfractuosités. On arrive alors au *Torcal bajo* où affleurent les calcaires bréchoïdes roses du tithonique, ainsi que des calcaires blancs. Ces couches, ravinées par les érosions, présentent un aspect ruiniforme remarquable.

Plus haut s'élève le *Torcal alto*, constitué par des bancs de calcaire gris blanchâtre, bréchoïde, à parties grumeleuses; on peut y récolter : *Am. hominalis*, *Am. Loryi*, *Am. agrigentinus*, etc. (voir plus haut), toutes espèces des couches à *Am. acanthicus*. Ces assises, bien litées, ont formé une succession étrange de gigantesques entablements souvent visités par les touristes. Vers la base, on peut voir d'une façon très nette ces calcaires passer *latéralement* à des lentilles d'un calcaire oolithique blanc, massif.

Au-dessous vient une deuxième assise de calcaires bien lités (près de la casita de los Picapadreros) qui surmonte à son tour des calcaires oolithiques blancs, massifs.

On rencontre alors des calcaires rouges en dalles renfermant des Ammonites (*Perisphinctes*) et des Bélemnites. Plus bas, ce sont des calcaires blanchâtres compactes à Polypiers, Encrines, Penta-crines, *Aptychus* et Bélemnites; on voit là encore réapparaître le facies oolithique sous forme de lentilles intercalées dans les calcaires blancs à Encrines.

Fig. 39 et 40. — Coupes prises au sud du moulin d'Antequera, et représentant le contournement des assises jurassiques.

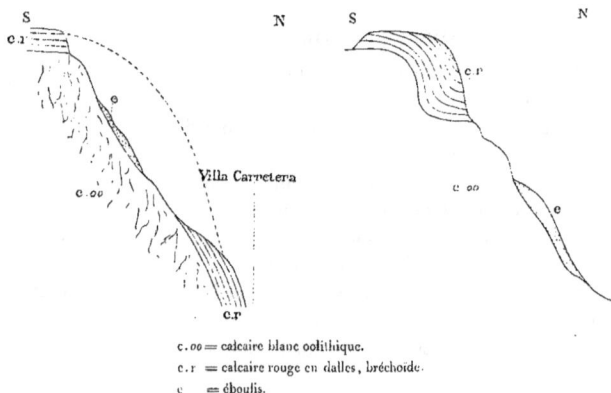

c.*oo* = calcaire blanc oolithique.
c.r = calcaire rouge en dalles, bréchoïde.
c    = éboulis.

Les deux coupes ci-jointes montrent la disposition des couches sur le bord septentrional de la chaîne du Torcal. Rappelons encore que nous avons recueilli au pied du Torcal, sur les bords de la Villa Carretera, un Polypier du jurassique supérieur, le *Cala-mophyllia flabellum*.

La Villa Carretera (route d'Antequera à Malaga) entame à peine les calcaires, et elle profite d'une dépression remplie par le nummulitique pour franchir la ligne de faîte. Elle permet toutefois d'observer deux faits intéressants : le contact de la bande triasique avec les chaînons calcaires, au seul point où le recouvrement éocène ne l'ait pas masqué, et le grand développement des dolomies au-dessous de la coupe précédemment citée.

Les marnes irisées, avec leurs psammites et leurs pointements ophitiques, montrent une stratification bien indépendante de celle de la chaîne calcaire; non seulement les couches sont plus mouvementées, mais leur direction n'est pas parallèle à la ligne de contact. Nous avons déjà dit que cette indépendance apparente devait s'expliquer par une faille.

Quant aux dolomies, leur couleur grise et foncée se détache de loin sur la masse des calcaires blancs; elles occupent tout le revers S. E. du chaînon et se continuent dans le chaînon de l'autre côté de la route jusqu'à Villanueva del Cauche. Ces masses dolomitiques rappellent tout à fait, comme aspect général, celles du jurassique supérieur de la Provence, mais elles sont ici nettement au-dessous d'une série qui comprend des couches liasiques. Leur grand développement, à si faible distance de la sierra de Abdalajis où nous n'en avons pas trouvé trace, montre avec quelle rapidité les facies lithologiques changent dans la région.

La puissance de ces dolomies semble croître vers l'est; dans le chaînon qui domine Villanueva del Cauche, elles sont surmontées par des calcaires blancs et rosés, avec nombreuses coupes d'Ammonites, dont aucune n'est déterminable, mais qui appartiennent certainement au lias; ces calcaires forment le versant septentrional du chaînon jusqu'au cortijo de los Busques (Bosques de la carte), et plongent avec une forte inclinaison sous le nummulitique. Près du chemin de Villanueva del Cauche au cortijo, en face de l'îlot qui sépare le Guadalhorce du rio Paroso, on trouve en outre des calcaires noirs à silex tout à fait semblables à ceux de la sierra Elvira, et un petit affleurement de calcaires marneux à *Ammonites radians*.

Dans l'îlot lui-même, nous n'avons reconnu avec certitude que

les calcaires crétacés à silex et les calcaires marneux du lias, sur
les bords même du Guadalhorce. Au S. E., les calcaires blancs
qui plongent sous le crétacé appartiennent probablement au jurassique supérieur, mais nous n'y avons pas trouvé de fossiles. La
faille que nous avons tracée au milieu de l'îlot est hypothétique;
son existence pourtant nous semble nécessaire pour expliquer et
relier entre elles nos observations sur le terrain.

### SIERRA DEL SAUCEDO ET SIERRA DEL GIBALTO
### (VILLANUEVA DEL ROSARIO).

Le chaînon précédent, au lieu d'être comme les autres, complétement entouré de nummulitique, est relié à celui de Villanueva del Rosario par un petit isthme calcaire, au pied duquel est
le cortijo Enebral, construit sur les marnes irisées. Ces dernières
sont surmontées là par des cargneules ou des calcaires dolomitiques en plaquettes, que nous attribuons à l'infralias.

A l'est du cortijo, on voit un piton abrupt de calcaires blancs
terminer en pointe la ligne d'escarpements qui borde plus à l'est,
jusqu'à Alfarnate, la bande de coteaux éocènes. La séparation tranchée de ce piton avec les marnes et calcaires du cortijo nous a fait

Fig. 41. — Coupe prise aux environs de Villanueva del Rosario.

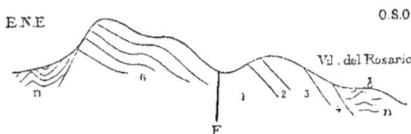

1. Marnes irisées. (Pyrite, etc.)
2. Cargneules et dolomies.
3. Calcaire blanc coralligène à Brachiopodes
   et silex.

4. Lias supérieur rouge.
6. Calcaires blancs.
n. Nummulitique.

conclure à l'existence d'une faille, que nous avons retrouvée bien
marquée au-dessus de Villanueva.

C'est en partant de ce village que nous avons essayé de faire la coupe du chainon (sierra del Saucedo). Villanueva del Rosario est construit sur les marnes rouges nummulitiques, très plissées et presque verticales. A l'est du village, on trouve des calcaires oolithiques blancs avec Encrines, puis des dolomies grenues, semblables à celles de la Villa Carretera. Les bancs sont inclinés vers le village; l'affleurement des dolomies détermine dans la chaîne une ligne de dépression qui se dirige vers le cortijo Enebral. De l'autre côté de cette ligne, un ressaut assez brusque fait réapparaître des calcaires blancs peu inclinés, qui forment jusqu'au-dessus d'Alfarnate un plateau dénudé, hérissé de saillies et sillonné de crevasses, où la marche n'est pas sans difficultés. Nous les attribuons au jurassique supérieur, et nous les croyons séparés par une faille de la ligne de dolomies; au-dessus d'Alfarnate, ils surmontent des calcaires bien lités qui sont peut-être à rapporter au dogger. En revenant ensuite au village plus au nord (chemin d'Alfarnate), nous avons traversé une coupe analogue qui a confirmé nos premières déterminations : l'existence de la faille est d'abord mieux marquée par la présence de marnes irisées et d'une véritable brèche de faille sur les parois de l'escarpement au pied duquel elles apparaissent. La présence de silex rouges dans les éboulis fait de plus supposer que quelques lambeaux néocomiens peuvent jalonner cette ligne de faille. En redescendant de là vers le village, on rencontre des calcaires blancs fossilifères (*Rhynchonella bidens*, etc...) et enfin le toarcien rouge, avec débris de Bélemnites.

Il est à remarquer que la disposition des bancs entre la faille et le village correspond bien exactement, comme succession et comme pendage, à celle de la sierra de Cauche.

La sierra del Saucedo se relie à celle de Loja par une languette étroite de calcaires, traversée par la route de Loja à Colmenar. On trouve là les calcaires oolithiques de Villanueva, et, au-dessous d'eux, les masses dolomitiques; mais il semble que la faille soit ici remplacée par un pli brusque, bien visible dans un ravin à l'est de la route.

22.

Le massif de Gibalto (Jivalto) et de las Hoyas est, au contraire, séparé de celui del Saucedo par une dépression remplie de nummulitique où coule le Guadalhorce.

Le Gibalto, dont nous n'avons pas exploré le versant ouest, est formé d'une grande masse de calcaires blancs (jurassique supérieur), avec une petite traînée nummulitique au pied du sommet principal. En un point, au S. O. du sommet, on y observe les calcaires tithoniques avec un peu de crétacé.

Le petit massif de las Hoyas, attenant au précédent, est entièrement formé par le lias; en le gravissant au nord, on trouve une alternance de dolomies et de calcaires blancs dont le pendage, d'abord assez faible, s'accuse fortement vers la faille qui suit la grande route de Loja. Là on trouve, superposées à l'ensemble précédent, des marnes à *Ammonites Levisoni* et des dalles calcaires grises et rougeâtres à *Posidonomya alpina*.

Il faut rattacher à ce groupe les petits mamelons calcaires, formés de calcaires gris et de dolomies passant à des cargneules, qui bordent le chemin de Villanueva del Trabuco à las Salinas, ainsi que la butte plus importante de las Salinas, à l'est de la station du même nom, où nous avons trouvé les meilleurs gisements des fossiles du lias moyen.

## SIERRAS DE ALFARNATE, DE MARCHAMONAS ET DE ZAFFARAYA.

### (LIMITE MÉRIDIONALE DES CHAÎNES SUBBÉTIQUES.)

En revenant maintenant vers le sud, on peut voir sur le schéma (p. 535) une série de plis secondaires s'intercaler entre ceux que nous avons précédemment suivis et la bordure de la chaîne bétique. Quoique une partie des chaînons correspondants puisse être considérée comme faisant partie du grand massif de las Cabras, la dépression que suit le chemin d'Alfarnate à Zaffaraya les sépare assez nettement pour que nous puissions faire des observations qui s'y rapportent l'objet d'un chapitre distinct.

Entre Alfarnate et Alfarnatejo, un anticlinal bien marqué fait apparaître les couches les plus élevées du trias, sous forme de marnes rouges et vertes, mises au jour dans des tranchées pour la recherche et le captage des eaux. De là les couches pendent régulièrement vers Alfarnate : ce sont d'abord des calcaires dolomitiques, puis des calcaires blancs compacts où nous n'avons pas trouvé de fossiles, et enfin en arrivant au village, des calcaires gris, en petits bancs bien lités, avec silex et nombreux débris d'Oursins, d'Encrines et de Brachiopodes; ce sont les bancs que nous avons attribués au dogger. Le nummulitique s'appuie entre eux et en remplit

Fig. 42. — Coupe du Puerto del Sol.

J. Calcaire jurassique blanc et gris noirâtre. (Bélemnites.) — S. Nummulitique.

les fentes, avec de beaux exemples de discordance et brèches de contact. Il renferme là, comme au pied de las Hoyas, des couches d'oolithes siliceuses.

Fig. 43. — Coupe de l'éboulement de Guaro.

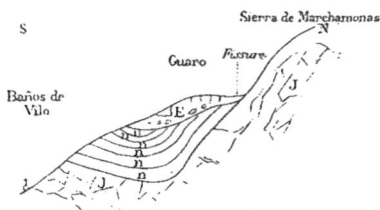

J. Calcaire jurassique.
E. Cône de déjection.

n. Marnes, grès, conglomérats nummulitiques.

Le petit détroit nummulitique qui sépare cette chaîne de celles de l'est (fig. 42) (Puerto del Sol), va aboutir au hameau du Guaro,

qu'ont complétement détruit les glissements superficiels déterminés par les derniers tremblements de terre (fig. 43). Au sud,
le jurassique pend assez régulièrement sous le nummulitique; la
base, aux baños de Vilo, en est constituée par des calcaires noirs.
Au nord (sierra de Zaffaraya), il forme un anticlinal très aigu dont le
centre est occupé par des dolomies cristallines plongeant des deux
côtés sous une masse peu épaisse de calcaires blancs, eux-mêmes
surmontés, au moins au sud, par des lambeaux de tithonique et
de crétacé. L'axe du pli anticlinal dessine entre Guaro et Zaffaraya
une inflexion très prononcée.

Dans les calcaires blancs, nous avons trouvé des coupes de Polypiers et de Nérinées, ainsi que *Rhynchonella subvariabilis*. Dans
des éboulis d'un calcaire gris, évidemment supérieur, nous avons
recueilli des Bélemnites et des Ammonites (*Ammonites colubrinus*).

Si de là on suit le bord méridional de la sierra Marchamonas,
on voit en plusieurs points les calcaires néocomiens (*Am. Tethys*,
*Ancyloceras*) qui semblent buter avec un faible pendage contre
l'escarpement de calcaires blancs, à stratification ordinairement
confuse. En quelques points, comme nous l'avons déjà signalé, le
calcaire blanc passe latéralement à des calcaires marneux à rognons
calcaires, semblables à ceux qui, plus au nord, renferment la faune
tithonique. C'est au voisinage même du point de passage que nous
avons recueilli l'*Hemicidaris crenularis*.

Fig. 44.

a. Calcaires blancs jurassiques.     b. Couches marneuses (tithonique et
c. Nummulitique.                         crétacé.)

On peut en ces points se convaincre que les calcaires blancs à
stratification confuse sont réellement verticaux. Le crétacé se
trouve avoir été conservé sur leurs flancs aux endroits où le pli se

renverse, et où souvent, comme phénomène connexe, il y a amincissement et étirement des couches marneuses; de là l'apparence de discordance (fig. 44).

On retrouve une coupe analogue, avec des modifications locales, tout le long de la falaise jusqu'au delà du col de Zaffaraya et jusqu'auprès de la sierra Tejeda.

Un ravin assez profond, situé à l'est du cortijo Azafranero, sépare cette dernière chaîne du massif secondaire. Malgré le recouvrement nummulitique qui pénètre dans cette dépression, on peut y constater la présence d'argiles et de grès triasiques déjà signalés par M. Macpherson. Une faille les sépare probablement du lambeau tithonique très fossilifère (voir plus haut la liste des fossiles) qui s'observe en ce point et qui est même accompagné d'un peu de néocomien avec *Ancyloceras*. Les calcaires blancs et les dolomies nous ont semblé faire défaut, et en redescendant au nord, de l'autre côté du col, vers le chemin d'Alhama, on trouve immédiatement les calcaires gris bien lités, que nous avons rapportés au dogger. Un peu à l'est, là où la bordure de la sierra Tejeda s'infléchit vers l'est, le trias est surmonté par les dolomies de l'infralias. Il y a là des rapports stratigraphiques compliqués, qu'une étude plus prolongée pourrait seule éclaircir.

En continuant à l'est le chemin d'Alhama, on rencontre de nouveau un grand développement de dolomies.

### BASSINS INTÉRIEURS.

Plusieurs petits *bassins intérieurs* existent dans les massifs de Marchamonas et de las Cabras. Le principal est celui de Zaffaraya, petite plaine cultivée qu'entourent de toutes parts des montagnes arides et desséchées : à l'ouest le massif de Las Cabras, au nord et au N. E. la sierra d'Alhama, à l'est l'extrémité de la sierra Tejeda, et au sud la sierra de Marchamonas et de Zaffaraya.

Le sol de ce petit bassin est couvert d'un sable fin et micacé; çà et là se rencontrent des galets siliceux et calcaires plus ou moins

roulés. La grande régularité de cette plaine et la nature des dépôts qui la constituent suggèrent immédiatement l'idée d'un fond
de lac. Il est probable que les sables fins dont nous avons constaté
la présence ont été formés dans des eaux tranquilles. Deux cou-
pures des chaînes méridionales, le col de Zaffaraya (près des ventas
de Zaffaraya) et celui d'Azafranero (séparant la Tejeda des montagnes jurassiques) ont, à un certain moment, fourni une issue aux
eaux du lac qui s'est ainsi desséché. C'est en effet par le col dit de
Zaffaraya, qui est de plain-pied avec la plaine intérieure, qu'a dû
s'opérer l'écoulement, et cette hypothèse est confirmée par l'existence, au voisinage de ce col et du cortijo Azafranero, d'une alluvion ancienne à galets plus ou moins roulés.

Fig. 45. — Coupe du bassin de Zaffaraya.

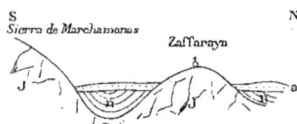

J. Calcaires blancs et dolomies juras-        n. Néocomien (marnes rutilantes).
siques.                                       a. Alluvions anciennes.

De nombreux puits sont ouverts dans le bassin entre Zaffaraya
et las Chozas; il y existe de plus un ruisseau qui se dirige vers
l'extrémité N. O. du plateau. Le ruisseau de Zaffaraya va se perdre
dans une cavité au pied des montagnes qui ferment, à l'ouest, la
dépression; les eaux réapparaissent près de Loja où elles donnent
lieu à la source vauclusienne du Monachil (Manzanil de certaines
cartes). Les habitants du pays racontent que des objets légers jetés
dans le ruisseau de Zaffaraya se retrouvent quelque temps après
dans la rivière de Loja dont la source, près du cerro de las Monjas,
a en effet un volume exceptionnel.

Vers l'extrémité occidentale de la plaine, s'élève une colline calcaire sur laquelle est établi le village de Zaffaraya (945 mètres).
Cette éminence est due probablement à un bombement (anticlinal)

du jurassique (fig. 45); dans les synclinaux qui séparent la colline de Zaffaraya des sierras environnantes, subsistent des schistes rouges que nous attribuons au néocomien. Nous avons pu nous assurer de leur présence sous les alluvions, grâce à un trou qui avait été récemment creusé le long du chemin de Vilo.

La structure synclinale du bassin de Zaffaraya avait déjà été indiquée par M. Gonzalo y Tarin. Ce bassin offre un intérêt particulier à cause de sa position centrale au milieu de la région éprouvée par les tremblements de terre. Les autres ont d'ailleurs des dimensions beaucoup plus restreintes : celui d'Alfarnate est occupé par des dépôts nummulitiques et présente une surface beaucoup plus ondulée; celui que nous avons signalé au nord de Zaffaraya, aux environs du cortijo Repicao et de la venta Gema, forme une petite plaine couverte d'alluvions anciennes (fig. 46), au milieu de laquelle émergent des ilots de calcaire jurassique avec lambeaux de molasse helvétienne (*Cidaris avenionensis*).

Fig. 46. — Coupe prise au nord de Zaffaraya.

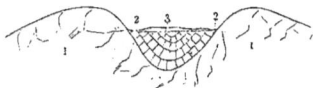

1. Calcaire blanc jurassique. — 2. Molasse. — 3. Quaternaire.

### SIERRA DE LAS CABRAS.

Les sierras du massif de las Cabras, entre Zaffaraya et Loja, sont constituées par une série de plis parallèles orientés N.-S. et N. E.-S. O. Elles sont uniformément formées de calcaires blancs compacts du jurassique supérieur qui atteignent là une grande épaisseur (200 mètres au moins); les bancs rouges et marneux de néocomien ont été conservés par place au fond des synclinaux et permettent d'en suivre la direction.

On peut bien observer cette structure dans le vallon qui, au

23

nord de Zaffaraya, auprès de las Chozas, s'élève vers le nord et se remarque de loin par la couleur rouge de ses terres cultivées. Près du hameau, on trouve les calcaires blancs bréchoïdes du tithonique; dans le vallon même, on est sur le néocomien schisteux où l'on peut recueillir, quelques centaines de mètres plus haut, *Aptychus Seranonis* et *Apt. Mortilleti*.

Au milieu de ces schistes rouges font saillie de petits îlots elliptiques de jurassique blanc. Auprès de deux d'entre eux, nous avons vu, vers le sud, ces bancs compacts passer à des calcaires grumeleux ou noduleux avec Ammonites tithoniques ( *Am. transitorius, Am. volanensis*, etc.); là le néocomien rouge les recouvre en concordance, et par places, le néocomien blanc à *Ammonites Astieri* s'intercale entre les deux. Sur tout le reste du contour de l'îlot, le calcaire blanc se dresse comme en discordance, et la stratification des schistes rouges qui s'appuient contre lui paraît indépendante. D'après tout ce que nous avons dit, il faut conclure de là que, dans le plissement des couches, la masse calcaire a d'un côté relevé simplement les schistes, tandis que des autres elle a pénétré, comme en faisant son trou, au milieu de leurs assises moins résistantes. Il est difficile de ne pas rapprocher ce fait de l'explication proposée et généralement admise pour les « Klippen » des Carpathes, où seulement la déchirure aurait été plus violente et se serait étendue sur tout le pourtour des îlots.

Il faut de plus induire de là que l'axe, ou mieux l'arête directrice, du pli synclinal que suit le vallon n'est pas une ligne droite et régulièrement inclinée, mais que cette ligne présente de fortes ondulations dans le sens vertical. De l'autre côté du vallon, c'est-à-dire sur l'autre bord du synclinal, on devrait retrouver la trace de ces ondulations; là pourtant on n'aperçoit qu'une série puissante de bancs compacts, inclinés régulièrement vers le sud, dans le sens général du plongement de l'arête. Cette apparence singulière nous semble pouvoir s'expliquer par la réapparition plusieurs fois répétée des mêmes couches; le « plissement du pli », qui se révèle dans le fond du synclinal par l'apparition des îlots jurassiques, se traduirait

là (fig. 47) par une sorte de structure écaillée (Schuppenstruc-
tur)[1], chacun des échelons ou écailles (1, 2, 3) correspondant à
un des ressauts de la seconde figure.

Fig. 47.

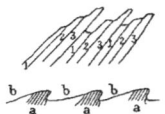

a *Jurassique*. b *Néocomien*.

On peut se convaincre, par l'affleurement de quelques taches
insignifiantes de marnes crétacées, à l'ouest de Zaffaraya, que ce
synclinal est la continuation de celui du bassin d'Alfarnate.

Un peu plus loin, près de la fuente de Piños, on voit un nouvel
exemple intéressant de ces irrégularités locales au contact du jurassique et du crétacé; le néocomien, assez faiblement incliné, est *recouvert* par le tithonique et plonge sous les calcaires compacts.

Si l'on continue à gravir la sierra dans la direction de Loja, on
ne cesse pas de cheminer dans un chaos de calcaires blancs sans
fossiles. On peut seulement marquer, au pied de Sillon bajo, la
place d'un anticlinal peu accusé, qui fait apparaître des calcaires
en bancs minces, assimilables au dogger.

En arrivant au pied nord du massif dans le voisinage de Loja,
on trouve le gisement crétacé du Monachil, déjà décrit en détail
(p. 433 et suiv.), et qui est l'indication d'un nouveau synclinal. ·

La traversée de la chaîne entre ce point et la route de Loja à
Colmenar permet de constater l'existence d'un nouvel anticlinal,
dirigé d'abord à peu près du nord au sud, comme les précédents,
puis s'infléchissant légèrement vers l'est, du côté de Loja, et allant
rejoindre la faille du défilé. Ce pli, d'ailleurs peu accentué, fait
apparaître une bande de dolomies au-dessous des calcaires blancs,

[1] Suess. *Antlitz der Erde*, t. I.

puis au voisinage même de Loja, dans le ravin déjà cité, les calcaires bien lités du dogger.

M. Gonzalo y Tarin mentionne en outre, du côté du sommet
des Frailes, plusieurs affleurements tithoniques, et un calcaire à
grains quartzeux, que nous n'avons pas su retrouver.

Avant de passer maintenant à la bande triasique d'Antequera et
aux affleurements jurassiques de l'autre rive du Genil qui en sont
la continuation, nous décrirons les pointements et chaînons isolés
au milieu du bassin tertiaire de Grenade, parce qu'ils nous semblent
résulter des mêmes plis que nous venons d'essayer de suivre, et
faire par conséquent partie, avec les chaînons précédents, d'une
même zone de la région plissée.

Nous n'avons rien à ajouter sur le pointement d'Alhama, dont
nous avons déjà donné la coupe, mais nous nous étendrons davantage sur la sierra Elvira, à laquelle la proximité de Grenade et la
diversité de ses affleurements donnent un intérêt spécial.

### LA SIERRA ELVIRA.

#### (Pl. IV.)

La sierra Elvira[1], isolée au milieu des alluvions miocènes,
se compose de deux chaînons principaux séparés par une dépression.

Ces deux parties sont très inégales comme altitude et comme
étendue ; le massif oriental, situé près du village d'Atarfe, est de
beaucoup le plus petit et le moins élevé ; c'est aussi le plus dislo-
qué. Entre ces deux massifs s'avancent les alluvions miocènes, sans

---

[1] On ne s'était pas beaucoup occupé jusqu'à présent de cette intéressante sierra ; les anciens auteurs (Silvertop, etc.) y ont cité des Ammonites jurassiques sans mentionner le nom des espèces. M. Schimper dit que la chaîne est for- mée de molasse tertiaire. M. von Drasche n'est pas plus complet lorsqu'il indique l'affleurement jurassique de la sierra Elvira. Il se borne à y citer des Bivalves, des Entroques et, d'après de Verneuil et Collomb, des Ammonites. M. Gonzalo y Tarin ne parle que de fossiles mal conservés et indéterminables.

cependant les séparer complètement. On voit, en effet, par l'examen de la carte, qu'au S. O. de la dépression, les dépôts sousjacents apparaissent entre les deux chaînes principales.

Étudions d'abord la partie orientale de la sierra Elvira. En se dirigeant d'Atarfe vers le N. O., on longe sur sa gauche un abrupt de calcaires à silex noirs intercalé entre deux massifs de calcaire à Entroques. C'est, comme nous l'avons dit, la base du lias moyen. Un sentier en zigzag mène aux carrières du sommet. Au pied de l'escarpement, sur le point où sa direction s'infléchit vers l'ouest, on peut remarquer, au-dessus des éboulis, une petite plateforme de quelques mètres seulement, sur laquelle affleurent des calcaires marneux à *Ammonites algovianus*. Au-dessus d'eux se montre de nouveau le calcaire à Entroques, et il semble là au premier abord, comme pour beaucoup d'affleurements néocomiens, qu'il y ait une discordance, et que les marnes se soient déposées dans une anfractuosité préexistante des calcaires à Entroques. Un examen plus attentif montre qu'une faille a amené en contact le massif supérieur de calcaires à Entroques avec la masse inférieure à laquelle les marnes sont régulièrement superposées. La faille peut se suivre assez longtemps le long du massif, jusqu'à ce qu'elle disparaisse sous les éboulis; son parcours est marqué par une brèche de faille très nette; et on peut constater combien il est loin d'être rectiligne (voir la petite carte, pl. IV). Au haut de l'escarpement, on voit le calcaire à Entroques plonger sous des calcaires marneux et sous des marnes à *Am. algovianus*. Quoique les bancs soient assez peu inclinés, on peut se convaincre, en suivant le contact, que de nombreux glissements locaux ont fait disparaître par places une partie des assises marneuses. Si de là on se dirige vers le nord, on traverse la série complète des assises jurassiques qui, avec celles de l'escarpement, complètent la coupe suivante (voir pl. IV, fig. 1):

1. Calc. à Entroques.
2. Calc. comp. à silex noirs, bien stratifié.
3. Calc. à Entroques.

Puis, au sommet du premier escarpement :

    4. Calc. marneux bleuâtre (*Lytoceras*). Ce calcaire est exploité dans une carrière. Il se présente en gros bancs à taches bleues, alternant avec des délits de marnes schisteuses rougeâtres.
    5. Marnes calcaires à *Am. algovianus*, *Am. Bertrandi*, etc.

La colline à pente assez douce qui s'élève au nord montre ensuite :

    6. Marno-calcaire gris à *Am. bifrons*, *Am. Levisoni*.
    7. Marno-calc. à *Am. subplanatus*, *Am. bicarinatus*, etc., et marnes à *Phylloceras* [*Am. (Phylloceras) Nilssoni*, etc.] pyriteux.
    8. Calc. gris brun, marneux à *Am. Murchisonæ*.

Le versant sud de la colline est formé par des :

    9. Dalles à silex et *Am.* cf. *Humphriesi*, Pentacrines. On y voit des commencements d'exploitations abandonnées.

Puis viennent :

    10. Dolomies.
    11. Calcaire blanc, jurassique supérieur, formant un nouvel escarpement, bréchoïde par places, et anciennement exploité.
    12. Néocomien marno-calcaire (*Am. Astieri*, *Am. Tethys*, Ptérocères, etc.) dans un pli des calcaires blancs.
    13. Cailloutis tertiaires formant le vallon qui sépare l'arête orientale du massif principal de la sierra Elvira.

A l'ouest d'Atarfe, du côté de la voie ferrée, s'élèvent de petites collines, où de nombreuses carrières ont été ouvertes dans les calcaires gris-bleus compacts (n° 4) déjà mentionnés; ces calcaires alternent avec des lits de marnes rouges et surmontent également les calcaires à Entroques; dans le talus d'un chemin, affleure le lias supérieur à *Ammonites radians*. Des marnes d'un rouge brun foncé, très fortement plissées, apparaissent dans la dépression qui sépare ces collines des précédentes; elles appartiennent probablement au trias, dont la présence inattendue ne peut guère s'expliquer que par une double faille, masquée sous les cailloutis miocènes.

Le flanc occidental du massif Est de la sierra Elvira est plus compliqué (voir pl. IV, fig. 2); il fait voir que la dépression déjà mentionnée correspond à une partie faillée. En effet, les calcaires à Entroques exploités dans les carrières au N. O. d'Atarfe, vont buter contre des marno-calcaires gris-rougeâtres à *Am. algovianus, Am. Bertrandi, Pygope erbaensis,* qui sont eux-mêmes recouverts par le lias supérieur à *Am. bifrons* et *Levisoni.* Puis une nouvelle faille également dirigée N.-S., fait affleurer le trias, où l'on peut observer, en descendant vers les baños, du gypse et un pointement ophitique. Dans un banc de calcaire marneux, à la partie supérieure des marnes triasiques, près d'une petite source et non loin d'une ferme isolée, nous avons recueilli *Terquemia complicata* Goldf. Ces couches sont recouvertes par des calcaires cristallins, des dolomies et des calcaires noirs à restes de Bivalves (près de la ferme).

Une troisième faille sépare ces affleurements du massif principal de la sierra Elvira, formé de calcaire à Entroques et de calcaires noirs à silex (lias).

Cette partie occidentale de la chaîne, beaucoup plus étendue, et présentant les sommets les plus élevés (1,094 mètres), est loin de présenter la même variété et le même intérêt. Elle est presque uniquement formée de lias inférieur et moyen, à peu près sans fossiles, et est surtout remarquable par le grand développement qu'y prennent les dolomies, comme dans la sierra de Villanueva del Cauche. Ce développement est d'autant plus frappant que les dolomies liasiques font à peu près défaut dans la partie orientale de la chaîne, où pourtant les affleurements du trias et du lias occupent une place relativement importante. Un changement si brusque de faciès nous semble peu probable, et nous croyons plutôt que cette disparition est purement apparente et due au morcellement du massif par les failles.

Quoi qu'il en soit, si, partant de Pinos Puente, on gravit au N. E. les premières pentes de la sierra, on rencontre à partir du village :

1° Une argile rouge, gréseuse, durcie, représentant le trias. Les affleurements s'en continuent jusque sur le versant septentrional, où ils sont mêlés à de nombreux filets de gypse;

2° Des cargneules et des calcaires dolomitiques en bancs minces (avec un moule de Bivalve indéterminable);

3° Des calcaires compacts, noirâtres, bien lités en bancs presque verticaux, auxquels fait suite la masse des dolomies.

En suivant le versant sud des sommets principaux, on reste à peu près constamment sur ces dolomies, à peu près verticales, ce qui leur donnerait une épaisseur énorme, si l'on ne tenait compte de la remarque que la direction des couches s'infléchit vers l'ouest et arrive à être très peu inclinée sur le chemin suivi. La petite crête, beaucoup moins élevée, qui borde la chaîne au nord, est également formée de ces dolomies; il est possible qu'elles forment là plusieurs plis successifs, dont l'uniformité des assises empêcherait de constater l'existence. En effet, au-dessous du col étroit qui s'ouvre à l'est du sommet 1,094, on trouve les marnes rouges du lias à *Ammonites algovianus* pincées entre deux bandes de calcaire à Entroques, avec de nombreux froissements et des indices de renversements. Le calcaire à Entroques, au-dessus de cet affleurement, contient des Ammonites de très petite taille dont la mauvaise conservation empêche de reconnaître l'espèce.

Pour donner mieux l'idée de la structure de la chaîne, nous avons dirigé la coupe longitudinale suivant une ligne courbe. Il convient encore de remarquer que le pendage général étant dirigé vers le sud, les coteaux que suit la grande route de Pinos Puente sont en général formés par des assises supérieures aux dolomies (calcaires noirs, à silex moins abondants qu'à l'est, et calcaires à Entroques), et que de plus l'inclinaison des bancs y est beaucoup moins forte.

### BANDE TRIASIQUE D'ANTEQUERA, HACHOS DE LOJA ET SIERRA PARAPANDA.

Nous réunissons ici en un seul chapitre, pour en bien indiquer la continuité stratigraphique, une longue région de coteaux ondulés, et deux sierras calcaires d'un aspect très différent.

*Bande triasique.* — Rien n'est plus monotone que la série des coteaux formés par les marnes du trias; quelques recouvrements de grès molassiques du côté d'Antequera, quelques pointements ophitiques, quelques masses de calcaires et de dolomies noirâtres, auxquelles on ne peut reconnaître aucune continuité, accidentent seuls la succession uniforme de marnes, de grès rougeâtres et de psammites, où s'intercalent par places les amas gypseux. Le seul point sur lequel nous voulions donc ici insister est la manière dont la bande se trouve bordée, des deux côtés, au nord comme au sud.

Nous avons déjà dit que la limitation de la bande nous semblait se faire par failles, mais que le recouvrement nummulitique ne permettait d'appuyer cette hypothèse que sur de simples indices, très espacés. Au sud, ce sont surtout la Villa Carretera, et ses environs immédiats, dont l'observation mène à cette conclusion. Au nord, trois lambeaux jurassiques ou crétacés montrent leur contact avec le trias; ce sont le peñon de los Enamorados, le rocher d'Archidona, et enfin l'affleurement jurassique (ou peut-être crétacé?) marqué sur la carte de M. Gonzalo y Tarin au S. O. de la route d'Iznajar, à la limite des provinces de Grenade et de Cordoue. Nous n'avons pu étudier que le peñon de los Enamorados [1], où l'existence de la faille limite (observable sur un bien faible espace il est vrai) nous a paru peu contestable.

Ce pic domine au nord une plaine nummulitique, à son pied des marnes rouges, un peu plus loin des grès remplis de Nummulites; il se dresse, en un escarpement presque vertical de calcaires blancs, d'abord bien lités, puis massifs au sommet. Nous n'y avons trouvé que des Brachiopodes indéterminables. Puis vient un massif de dolomies, et enfin, pendant au sud vers le Guadalhorce, et presque verticale, une série de calcaires grisâtres bien lités, à cassure esquilleuse, qui forment presque tout le versant méridional. A moins d'un renversement, qui semble peu vraisem-

---

[1] Le pic de los Enamorados est bien connu depuis les guerres des Arabes et la romance « De los infortunados amores de Mamete y Tartagone ».

blable, d'autant moins que cette succession concorde assez bien
lithologiquement avec celle d'autres points de la région, il est bien
probable que les bancs inférieurs représentent le lias et les supérieurs le dogger, qui serait ainsi séparé par faille des marnes irisées
de l'autre rive du Guadalhorce.

Fig. 48. — Plan géologique du peñon de los Enamorados.

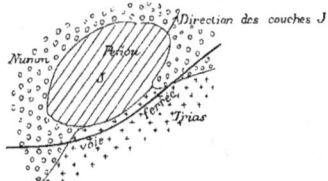

Numm. Nummulitique. — J. Jurassique.

*Hachos de Loja.* — Le massif de los hachos de Loja
(1,025 mètres), au nord de la ville, montre au contraire, sur son
versant nord, les calcaires jurassiques régulièrement superposés
au trias. C'est d'ailleurs aussi le cas de la butte de las Salinas et
du massif de las Hoyas, sauf, comme nous l'avons dit, quelques
glissements ou mieux quelques enfoncements locaux.

Fig. 49. — Coupe des Hachos de Loja.

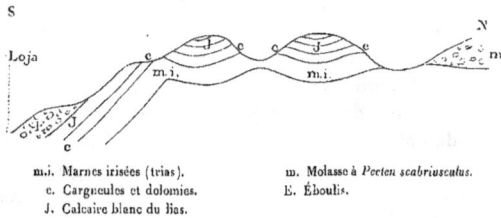

m.i. Marnes irisées (trias).            m. Molasse à *Pecten scabriusculus.*
c. Cargneules et dolomies.             E. Éboulis.
J. Calcaire blanc du lias.

Ce massif est formé de calcaires blancs liasiques, oolithiques
par places, avec Encrines, et contenant aussi des silex. Leurs plis

multiples laissent réapparaître plusieurs fois les marnes irisées, avec plaquettes dolomitiques (infralias) à leur partie supérieure. C'est ce que montre la coupe ci-jointe (fig. 48).

Les bancs calcaires, au bord de la vallée, plongent fortement vers le fond de la percée où coule le Genil. Il résulte de cette disposition, comparée à celle de la chaîne opposée (sierra de las Cabras), qu'il faut admettre la présence d'une faille sous les cailloutis tortoniens et les tufs récents qui couvrent le fond de la vallée.

Fig. 5o. — Coupe prise près de Loja.

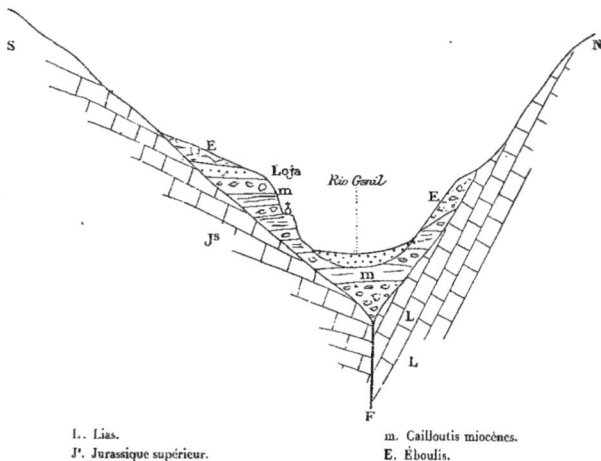

| L.. Lias. | m. Cailloutis miocènes. |
| J'. Jurassique supérieur. | E. Éboulis. |

Cette faille serait la continuation de celle de la route de Colmenar, et probablement aussi de celle qui limiterait au nord la bande triasique.

La ville de Loja est bâtie en partie sur le calcaire jurassique, en partie sur une terrasse de cailloutis tortoniens, qui se continue à l'ouest le long de la route de Colmenar. On y observe des conglomérats avec galets de molasse helvétienne, et des bancs

24.

de marnes sableuses, grises et blanches, avec fréquents exemples de stratification entrecroisée.

Au nord du massif liasique, sur le bord du Genil (rive droite), on voit un plissement remarquable des dolomies triasiques (noires, bien litées, avec petits cristaux de gypse). Elles forment un pli couché bien net sur lequel reposent, peu disloquées, les couches helvétiennes du Pradon.

Fig. 51. — Coupe relevée sur les bords du Genil, au N. O. de Loja.

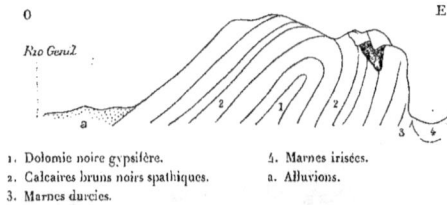

1. Dolomie noire gypsifère.
2. Calcaires bruns noirs spathiques.
3. Marnes durcies.
4. Marnes irisées.
a. Alluvions.

*Sierra Parapanda.* — A l'est de los Hachos, le chemin de Loja à Montefrio traverse une petite bande de marnes irisées avec pointements ophitiques, qui se relie incontestablement à celles du pied du Pradon. Il est probable, quoique nous ne l'ayons pas constaté, que cette bande se continue sans interruption jusqu'au pied de la sierra Parapanda. Elle est bordée au nord par les schistes rouges néocomiens à *Aptychus Mortilleti,* accompagnés, près du cortijo Antonejo, par des marnes à Ammonites pyriteuses (*Am. Grasi, Am. semisulcatus, Belemnites latus*) et surmontées par des calcaires à silex, qui montrent des coupes de Bélemnites.

La sierra Parapanda, qui fait suite à l'est, est bordée au nord par les mêmes couches néocomiennes, qui s'enfoncent profondément dans ses dépressions. Cette ligne de contact serait la continuation de la faille supposée qui borderait au nord la bande triasique; mais ici son contour sinueux prête mieux à l'hypothèse d'une discordance, qu'appuie, comme nous l'avons dit, la présence de pointements triasiques et liasiques au milieu du crétacé.

La sierra Parapanda elle-même montre une structure analogue à celle des hachos de Loja, c'est-à-dire un pendage général vers le sud, probablement avec plissements secondaires, difficiles à constater avec certitude. On y observe une alternance de calcaires blancs compacts et de dolomies. Les calcaires forment sur le versant nord de nombreux éboulis, qui nous ont fourni *Rhynchonella furcillata* et des *Phyllocrinus*.

Le bourg même d'Illora est construit sur le tithonique bréchoïde qui se continue au moins jusqu'à la route de Lopez, surmonté par des marnes blanches à Ammonites néocomiennes ( défilé au-dessus duquel passe la route) et par des calcaires à silex crétacés. Sur ce parcours, l'autre versant de la chaîne montre des calcaires dolomitiques blancs, bien lités, ressemblant à ceux de l'infralias, mais beaucoup plus puissants que dans les autres affleurements; ces calcaires surmontent des marnes vertes, probablement triasiques, mais presque partout masquées par la culture, et le contact donne naissance à des sources nombreuses et importantes.

La continuation du même massif est traversée par la route de Grenade à Jaen, entre Zegri et Noalejo. On y observe d'abord, en allant du nord au sud, les marno-calcaires du lias supérieur, reposant sur des calcaires blancs, massifs à la base, bien lités à la partie supérieure, et formant une chaîne assez élevée, dirigée du S. O.

Fig. 52. — Coupe prise sur la route de Grenade à Jaen.

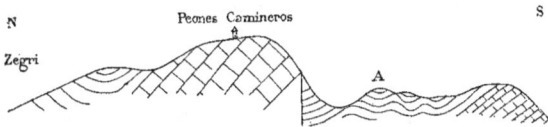

au N. E. Après avoir traversé cette chaîne par un col (Peones Camineros de fig. 52), on retombe, sans doute par suite d'une faille, dans les marnes fossilifères du lias (A de fig. 52); ces marnes reposent plus au sud sur les calcaires blancs; elles forment un large plateau ondulé, et sont traversées par des filons de roches ophitiques.

Au nord de Noalejo, une nouvelle arête calcaire plus élevée court parallèlement à la première.

Cette grande bande liasique, à l'est de laquelle l'épaisseur du lias et l'importance de ses couches fossilifères se développent considérablement, nous semble donc continuer la bande triasique d'Antequera. La portion située entre Illora et Tiena permet de constater qu'elle n'est plus là bordée au sud par une faille, et qu'elle forme seulement le flanc septentrional d'un grand synclinal, en majeure partie recouvert par les cailloutis tortoniens, mais dont les pointements, tithoniques et surtout crétacés, qui s'élèvent au nord de la voie ferrée entre les stations d'Illora et de Pinos Puente, suffisent à démontrer l'existence. Ce synclinal correspondrait dans son ensemble à ceux de la sierra de las Cabras.

### CHAÎNONS SEPTENTRIONAUX (RÉGION DE MONTEFRIO).

Au nord de la région précédemment décrite, le crétacé couvre de larges espaces formant une série de collines plus accusées que celles du trias, mais moins abruptes que celles du jurassique, et couvertes d'une maigre végétation. Peut-être une étude plus détaillée est-elle appelée à modifier la physionomie de la carte, en augmentant surtout vers l'ouest le nombre des îlots jurassiques, ou même triasiques. Nous rappelons brièvement ceux que nous avons eu l'occasion d'étudier et dont il a déjà été question :

1° L'affleurement de marnes gypsifères du chemin de Loja à Montefrio. Il ne s'y montre que peu de temps, mais il est probablement plus étendu au fond du vallon dont le chemin longe la pente méridionale. Il y aurait même lieu de rechercher s'il ne se rattacherait pas de ce côté aux grands affleurements de la route d'Iznajar, c'est-à-dire à la bande triasique principale. La superposition du crétacé à ces marnes gypsifères ne nous a semblé présenter aucun phénomène de ravinement ni de faille.

2° La petite sierra de Hachuelo, au sud de Montefrio, qui fait saillie au milieu du crétacé comme les petites sierras du S. O. au milieu du nummulitique. Elle est constituée par des calcaires grisâtres à silex, bien stratifiés. Les Bélemnites y abondent, ainsi que les articles de Pentacrines et les Ammonites du groupe des *Arietites,* malheureusement en fort mauvais état (*Am.* cf. *Kridion*).

3° La sierra Pelada, à l'est de Montefrio, formant un pointement calcaire allongé de l'est à l'ouest. La collection de Verneuil contient des Ammonites liasiques et des Ammonites tithoniques, provenant de cette localité.

4° Le pointement ophitique de la route de Priego (voir plus haut, p. 532) peut être rapproché des précédents, si on suppose que les marnes néocomiennes qui l'entourent se sont déposées sur l'ophite et non pas qu'elles ont été traversées par cette roche. Il n'y a en tout cas aucune trace de métamorphisme au contact. Enfin le crétacé pénètre en anses plus ou moins profondes entre les chaînons de la sierra Tiñosa, comme nous l'avons vu pour la sierra Parapanda, et de l'autre côté de cette chaîne jurassique, dans la bande triasique de Priego, des lambeaux néocomiens reposent directement sur les marnes irisées.

C'est seulement avec une grande hésitation qu'après avoir repoussé l'hypothèse d'une discordance réelle dans le sud et le S. O., nous sommes amenés à l'accepter pour cette région septentrionale. Du moins, jusqu'à nouvel ordre et en attendant que de nouvelles observations viennent éclaircir le problème, nous devons avouer que nous ne voyons pas d'autre explication possible. Comme le jurassique, dont on trouve partout des lambeaux, s'est certainement déposé dans tout le bassin de Montefrio, il faudrait donc admettre une dénudation puissante, antérieure au crétacé. Tant que les études de détail n'auront pas précisé l'étendue et les limites de cette dénudation, qui ne semble guère concorder avec les autres traits de l'histoire géologique de la région, on doit se contenter de signaler les faits observés et les difficultés qu'ils soulèvent.

Il n'est peut-être pas sans intérêt de rappeler qu'une difficulté analogue se présente dans les Pyrénées françaises, et est bien loin encore d'y avoir reçu une solution définitive. On sait [1] que la présence du trias à facies septentrional y est depuis longtemps connue et hors de toute contestation, mais aussi qu'une partie des pointements de marnes bariolées gypsifères de la région subpyrénéenne ont souvent été considérés comme un simple résultat du métamorphisme produit par les éruptions ophitiques. Cette dernière opinion semble maintenant assez généralement abandonnée, et dès lors on se trouve en face du problème suivant :

A la limite des terrains paléozoïques, partout où la base des terrains secondaires n'a pas été supprimée par faille, on trouve le trias surmonté *en parfaite concordance* par le jurassique.

Au nord de cette zone s'étend une grande bande de terrains crétacés très plissés; ils sont eux-mêmes surmontés en concordance par l'éocène, qui forme une dernière bande bordant la chaîne au nord, et partiellement masquée par les recouvrements discordants du miocène.

Au milieu de ces bandes crétacée et nummulitique, les marnes irisées forment une série de pointements isolés, d'étendue très restreinte, presque toujours accompagnés d'ophite, et s'alignant assez régulièrement dans la direction de la chaîne. Que ces pointements soient dans le crétacé ou dans le nummulitique, on n'a jamais observé à leur contact aucun lambeau de terrains intermédiaires, de même qu'on ne connaît pas de pointements analogues formés par d'autres terrains que ces ophites et ces marnes bariolées. Il serait bien fantaisiste et bien arbitraire de supposer une série de petites failles circulaires entourant ces îlots, et encore n'expliquerait-on pas ainsi l'uniformité de leur composition. L'hypothèse de pénétration mécanique, comme pour les Klippen des Carpathes, est inadmissible pour des couches marneuses. On se trouve donc amené, si ces îlots sont bien formés de trias, à admettre, comme en Au-

---

[1] Voir notamment la note de M. Jacquot (*Comptes rendus de l'Académie des sciences*, 1886).

dalousie, qu'il y a sur les bords de la chaîne une discordance qui n'existe pas dans ses parties plus centrales, et que ces pointements triasiques représentent les restes de saillies formées et conservées au fond des mers crétacée et nummulitique, grâce à la dureté des roches ophitiques.

Encore faut-il ajouter que cette explication serait relativement plus satisfaisante pour les Pyrénées que pour la chaîne bétique. Dans la première chaîne, en effet, le jurassique, le crétacé et le nummulitique forment des bandes échelonnées en retrait successif, qui peuvent faire penser à des bras de mer peu étendus progressivement rejetés vers le nord; en d'autres termes, le jurassique ne se retrouve pas au nord de la région où il faudrait supposer qu'il ne s'est pas déposé, et nous avons vu qu'il en est autrement en Andalousie, où le jurassique existe à Cabra et à Jaen et où il faut alors faire intervenir des phénomènes de dénudation.

### LE BASSIN DE GRENADE.

Nous avons déjà, en décrivant les assises miocènes, donné une idée de la structure de cette vaste aire d'affaissement, ouverte à la limite des chaînes ancienne et subbétiques, et comblée en partie par les dépôts tertiaires. Nous n'avons donc plus à insister ici sur la discordance du miocène supérieur, qui forme la masse du remplissage, avec le miocène moyen, dont des lambeaux sont conservés sur les bords (Alhama, Escuzar, cortijo Repicao, haute vallée du Genil.)

Nous avons indiqué dans le miocène supérieur trois divisions principales, de composition bien distincte : la première, en grande partie au moins marine, se compose d'un entassement de cailloux roulés, correspondant aux époques tortonienne et sarmatique; la seconde est formée d'assises gypseuses, à caractère saumâtre, et correspond aux couches à Congéries; la troisième enfin comprend des calcaires franchement lacustres.

La première forme ceinture au nord et à l'est; les bancs en sont

25

presque toujours fortement ondulés; à l'est, ils se relèvent contre les flancs de la sierra Nevada; au nord, au contraire, ils plongent ordinairement vers la ligne qui limite les chaînes calcaires et semble ainsi une ligne de faille. Autour de la sierra Nevada, les blocs et cailloux sont empruntés aux terrains anciens; quand on s'en éloigne, ils sont en général plus roulés, de moindre dimension, et presque tous jurassiques ou crétacés; en même temps ils s'entremêlent d'un limon rouge très caractéristique. C'est d'après ces caractères que M. von Drasche a distingué la *blockformation* et la *Guadixformation*, mais au point de vue de l'âge elles sont absolument équivalentes. On a de bonnes coupes de la blockformation sur la route de Grenade à Motril, ou encore en remontant la vallée du Genil et des Aguas Blancas. La Guadixformation peut s'étudier sur la route d'Alcala, entre Pinos Puente et la sierra jurassique, ou encore sur le nouveau chemin de Guevejar. A Guevejar, où le limon rouge atteint de grandes épaisseurs, il est surmonté par des assises puissantes de tuf calcaire, dont les bancs s'éboulent sur les flancs de la colline, et dont les glissements en masse, lors du tremblement de terre, ont déterminé, comme à Guaro, des fentes et des crevasses importantes.

La formation gypseuse dessine au S. O de la masse des cailloutis une ligne d'affleurements en forme de demi-ellipse, très large à l'est et s'amincissant à l'ouest, où la puissance des couches décroît rapidement. Les couches sont très mouvementées à l'est; à l'ouest, au contraire, du côté de Loja et d'Alhama, la stratification en devient plus régulière. Nous avons déjà cité la coupe d'Alhama à Arenas del Rey; celle de Gabia la Grande à la Malá et à Escuzar, déjà donnée pour le voisinage de la Malá, par M. Gonzalo y Tarin, est également intéressante.

En quittant la vega de Grenade, on rencontre d'abord une série ondulée de bancs caillouteux avec tufs et marnes sableuses intercalés; on voit cet ensemble passer sous la formation gypseuse, formée de marnes bleues souvent sableuses et de gypse en plaquettes. Près de la Malá, ces plaquettes augmentent de nombre et d'épaisseur, et envahissent presque toute la masse. Ces couches, remarquablement plissées et faillées, arrivent même à la verticale. A la Malá existent des bains et une source chaude.

Derrière l'établissement des Baños s'élève une petite colline qui se distingue facilement par sa couleur des hauteurs environnantes. Elle est constituée par des schistes micacés et des calcaires cristallins. Entre les schistes et les calcaires existe une brèche formée de débris des deux roches, et dans le voisinage, nous avons constaté la présence de cargneules. C'est donc un îlot formé probablement de cambrien et de trias, et analogue à ceux que nous avons cités à l'entrée du petit bassin d'Albunuelas.

De la Malá à Escuzar, on chemine dans les couches messiniennes à gypse. Ce dernier devient de plus en plus abondant et, près d'Escuzar, il forme de gros bancs et ressemble à de l'albâtre. Au sud de ce village, les couches se relèvent et l'on voit distinctement, comme nous l'avons dit, apparaître *sous* le gypse la molasse assez développée, exploitée dans des carrières.

Par suite de la retombée des couches vers la limite nord du bassin, le gypse reparaît à Alfacar (voir plus haut), également superposé aux conglomérats caillouteux.

La série des couches gypseuses atténue ses ondulations à l'ouest et va passer sous un grand plateau couronné entre Salar et Alhama par les calcaires lacustres. On peut se faire une idée très nette de cette disposition en gravissant la sierra de las Cabras, au S. E. de Loja. On aperçoit en effet du côté de Salar une série de collines, couronnées par de grands entablements calcaires, qui s'abaissent uniformément vers la vallée du Genil. Au-dessous, sur les flancs des collines et dans les ravins, apparaissent des calcaires marneux et des marnes à gypse. Enfin, par suite d'un léger relèvement vers le bord du bassin, les cailloutis tortoniens s'y montrent en divers points, notamment près de Loja et à l'ouest d'Alhama.

En résumé, l'ensemble du système, assez notablement plissé à l'est, où les assises plus anciennes sont le plus développées, présente une légère inclinaison vers l'ouest; c'est de côté sans doute que s'est fait l'écoulement des eaux marines, et que se sont réunies celles du lac qui a précédé l'émersion définitive; c'est là au moins que les calcaires lacustres se sont conservés sous forme d'un grand plateau légèrement incliné. A l'ouest et à l'est, les couches se relèvent d'une manière plus ou moins accusée sur les bords du bassin; de même le long du promontoire d'Agron, partout où nous avons eu l'occasion d'observer le contact, les assises miocènes se relèvent contre les calcaires anciens. Elles plongent au contraire vers le bord septentrional, qui représente peut-être une ligne de faille, et au sud, près de Jatar, on remarque un fait analogue.

## VI

## HISTOIRE DE LA RÉGION

### PENDANT LES PÉRIODES GÉOLOGIQUES.

Après avoir étudié les diverses assises qui se rencontrent dans la région explorée par nous, après avoir essayé de donner une idée sommaire de leur répartition et de leur agencement au milieu des principaux accidents orographiques, il nous reste à examiner les conclusions que l'on peut tirer de cette étude au point de vue de l'histoire de la cordillère bétique et de ses dépendances.

La région andalouse, à laquelle il faut lier celle du littoral africain, se trouve comprise entre deux grands plateaux, d'étendue fort inégale, mais tous deux de formation très ancienne, au nord, le plateau central (*meseta*) de l'Espagne, au sud, le continent africain. Il est possible que ces deux massifs aient communiqué l'un avec l'autre et aient fait partie d'une même chaîne, après le soulèvement houiller qui a imprimé à leurs couches leur allure définitive; mais c'est seulement à la fin de la période primaire que le grand affaissement, encore marqué par la faille du Guadalquivir semble avoir ouvert entre eux une libre communication aux eaux de la mer[1]. L'Andalousie a été, à partir de cette époque, la porte de la Méditerranée secondaire, son canal de jonction avec les mers de l'ouest, au même titre que l'est aujourd'hui le détroit de Gibraltar pour la Méditerranée actuelle.

Dans cette dépression, où n'ont cessé de s'accumuler les dépôts marins jusqu'à la fin de l'époque éocène, les efforts de compression latérale et de plissement faisaient en même temps sentir leur action, et accusaient progressivement les traits principaux de la chaîne bétique et de l'Atlas. Les plateaux anciens, au contraire, obéissaient tout d'une pièce à ces pressions et les transmettaient sans nouveaux ridements : les rares transgressions secondaires et tertiaires qui y aient en effet laissé des traces ne montrent que des couches horizontales. C'est de la même manière et par suite des mêmes actions que se formaient également les Pyrénées entre le plateau central de l'Espagne et celui de la France.

A l'époque triasique, la chaîne bétique actuelle était recouverte par les eaux, comme le montrent les nombreux lambeaux conservés, mais la direction de la future chaîne était déjà indiquée par la limite entre les dépôts à faciès pélagique et à faciès continental. A l'époque jurassique, ce sont encore des lignes à peu près parallèles qui marquent la zone de développement du lias fossilifère et celle d'amincissement des assises, dans la région du littoral actuel. On peut en conclure que des zones de profondeur et de nature différentes s'accusaient déjà sur l'emplacement futur de la chaîne, et la grande analogie avec les dépôts de même âge de la Sicile et de l'Italie montre que ces premiers traits de l'histoire de la chaîne bétique doivent s'appliquer aussi à celle des Apennins.

Ce n'est qu'à la fin de l'époque jurassique que l'on trouve des

[1] Ce plateau central de l'Espagne est resté émergé depuis les temps les plus reculés; ses bords semblent à M. Calderon dessinés par une série de failles. [D. S. Calderon y Arana. *Ensayo orogenico sobre la Meseta central de España*. (*An. Soc. Esp. de Hist. nat.*, t. XIV, 1885.)]

traces encore incertaines d'émersions locales. La brèche qui termine le tithonique, les fragments de calcaires blancs englobés dans les marnes néocomiennes, et surtout la transgressivité qui fait reposer au nord le crétacé directement sur des marnes irisées, sont des indices qu'il y a lieu de poursuivre et dont nous avons déjà essayé de discuter la valeur. Il est bon de remarquer en tout cas que le lambeau de schistes néocomiens de Calla del Morral, près de Malaga, présente des caractères identiques à ceux des affleurements du nord, et que par suite une émersion d'ensemble de l'axe de la chaîne est au moins très peu vraisemblable.

Il n'en est plus de même à l'époque éocène. La discordance complète qui sépare les couches nummulitiques des couches secondaires prouve à l'évidence qu'il y a eu entre les deux, comme dans les Alpes occidentales, accentuations des plis, formation de saillies émergées autour desquelles on peut encore actuellement suivre les lignes de rivages de la mer éocène, et ravinements profonds. On peut aller plus loin et conclure de la nature des couches éocènes sur les deux versants que l'axe de la chaîne actuelle formait déjà une arête de séparation entre les deux bassins marins. Il n'y a rien sur le versant sud qui rappelle les schistes gris et rouges, les marnes durcies à Fucoïdes, les poudingues littoraux du versant nord. Les calcaires à Nummulites et à Alvéolines de la côte, avec leur structure compacte et oolithique, sont aussi bien distincts des calcaires gréseux de la zone subbétique. Sans donc pouvoir préciser l'action des dénudations ultérieures, on peut affirmer que la mer éocène s'est avancée en golfes irréguliers et profondément découpés au milieu d'une région déjà accidentée, où les roches cristallines et même les calcaires jurassiques formaient des îles et promontoires nombreux et traçaient, de la sierra Nevada à la serrania de Ronda, une ligne continue de démarcation.

Les actions de refoulement se sont continuées pendant et après l'époque éocène. C'est un fait remarquable que la discordance mentionnée entre la stratification des couches secondaires et tertiaires existe aussi entre la direction de leurs plis. Les assises nummulitiques sont au moins aussi tourmentées que les assises jurassiques, mais il semble difficile de suivre dans leurs plis une direction générale et d'y découvrir une loi; cette irrégularité est due sans doute aux différences de résistance des couches déjà émergées et durcies. Les failles observées sont antérieures à ce second mouvement, et recouvertes sur une partie de leur parcours par les dépôts nummulitiques qu'elles n'affectent pas.

Cette discordance du nummulitique et du crétacé présente en Andalousie un caractère très différent de celles qui ont été signalées au même niveau dans les Alpes. On sait en effet qu'il y a en Savoie, d'après M. Lory, et dans la vallée de l'Inn, d'après M. Guembel, des couches nummulitiques qui reposent sur les tranches des terrains secondaires; mais les points où ces faits s'observent sont situés assez loin dans l'intérieur de la chaîne, tandis que les bandes extérieures montrent les mêmes terrains en concordance. Les choses peuvent alors bien s'expliquer [1] par une transgression de la mer nummulitique sur une zone progressivement relevée, sans qu'il soit nécessaire d'avoir recours à une activité particulière dans les mouvements du sol. Il en est autrement en Andalousie, où la discordance, d'après les cartes antérieures, semble se poursuivre jusqu'aux derniers confins des chaînes subbétiques; c'est donc bien une phase d'accentuation spéciale des reliefs qu'il faut placer à cette époque, et l'on a là un exemple remarquable d'une chaîne qui serait en quelque sorte le résultat de deux modelés successifs; la seconde de ces actions aurait respecté les traits principaux des reliefs préexistants, tout en imprimant à l'ensemble des couches postérieures une allure très différente.

En tout cas, on peut dire, pour la chaîne bétique comme pour celle des Pyrénées, qu'après l'éocène les phénomènes de *soulève-ment* prennent fin, et que la période de démantellement ou de *tassement* prend naissance. Ces derniers phénomènes, sans parler

---

[1] *Bulletin de la Société géologique*, 3ᵉ série, t. XV.

naturellement des dénudations difficiles à apprécier, semblent avoir eu ici une très grande importance.

D'abord, pendant l'époque oligocène, la région est émergée; la position spéciale de l'Andalousie permet de rapprocher ce fait de la grande extension des dépôts lacustres à cette époque dans toute l'Europe. Puis, au début de la période helvétienne, une nouvelle oscillation ouvre dans la vallée du Guadalquivir un large accès aux eaux marines; l'absence de dépôts correspondants le long de la côte permet d'affirmer que, par contre, la *communication actuelle n'existait pas encore*. La structure très symétrique des côtes espagnole et africaine a été mise en lumière par M. Suess; les deux véritables versants de la chaîne seraient donc, d'une part, les collines subbétiques, et, de l'autre, les pentes de l'Atlas. Entre les deux était le sommet du grand anticlinal formé par l'ensemble de la région plissée, et l'effondrement de cet axe médian, comme celui d'une clef de voûte insuffisamment soutenue, n'aurait eu lieu qu'au début de l'époque pliocène.

Les dépôts helvétiens de la vallée du Guadalquivir ont été ensuite émergés; de grandes dénudations se sont produites; des vallées profondes s'y sont creusées; des bassins plus ou moins étendus se sont affaissés, et la mer tortonienne est venue occuper de nouveau le bassin de Grenade et une partie au moins de l'ancien lit de mer helvétienne. De vastes amoncellements de cailloux ont comblé ces dépressions; puis l'écoulement et l'évaporation des eaux marines y ont amassé de grandes épaisseurs de marnes gypseuses et de gypse, et enfin les eaux franchement désalées se sont réunies au pied des chaînes de Loja, où elles ont déposé des calcaires lacustres, dernières assises miocènes de la région.

A partir de ce moment, la vallée du Guadalquivir est définitivement émergée; la mer pliocène n'y a pas pénétré, et c'est un nouvel affaissement, peut-être commencé et préparé depuis longtemps, qui lui a livré passage par le détroit de Gibraltar et le long du littoral actuel. Les actions de refoulement n'ont d'ailleurs pas cessé de se faire sentir avant cette époque; il faut en effet y avoir recours pour expliquer les ondulations multiples et souvent assez brusques des dépôts miocènes. Les pendages plus ou moins accusés des couches pliocènes sur la côte semblent au contraire pouvoir s'expliquer par de simples glissements ou par des affaissements locaux.

Nous avons déjà fait remarquer[1] combien la succession des mouvements du sol dans le bassin tertiaire de Grenade diffère de celle des régions voisines, et spécialemeut de celle du bassin du Rhône, où elle a été si bien mise en lumière par les beaux travaux de Fontannes. Nous reproduisons ici le tableau qui résume cette comparaison :

RETRAIT DE LA MER HELVÉTIENNE.

| BASSIN DU RHÔNE. | BASSIN DE GRENADE. |
|---|---|
| 1. Marnes à lignite et dépôts lacustres. Poudingue de Valensole à *Planorbis Mantelli.* | 1. Émersion; creusement de vallées. Retour de la mer; conglomérats et dépôts marins tortoniens. |
| 2. Dépôts continentaux (Cucuron). Creusement de la vallée. | 2. Conglomérats et dépôts marins sarmatiques. Dépôts saumâtres, gypse messinien. Dépôts lacustres. |
| 3. Retour de la mer. Couches à Congéries. Dépôts marins de Saint-Ariès. | 3. Émersion définitive. |

Il faut enfin observer que, d'après le faible développement des alluvions des vallées et l'absence de terrasses sur leurs pentes, l'exhaussement progressif au-dessus du niveau de la mer, depuis la dernière émersion, semble s'être fait sans oscillations importantes.

On voit que la connaissance plus complète du sud de l'Espagne présenterait un grand intérêt, même au point de vue de la géologie générale; les mouvements qui s'y sont produits ont dû avoir

[1] *Comptes rendus de l'Acad. des sc.*, juillet 1885.

une influence spéciale sur l'histoire des mers méditerranéennes, dont ils fermaient plus ou moins la communication avec les mers occidentales, et au point de vue orogénique, les rapports intimes de la chaîne bétique avec les Apennins la rattachent, comme l'a montré M. Suess, à l'ensemble du grand système alpin.

Pour terminer, nous mettons en regard, dans un tableau d'ensemble, les traits principaux de l'histoire comparée des différentes zones : celle des chaînes subbétiques, celle de la chaîne bétique et celle du littoral actuel.

| PÉRIODES. | ZONE SUBBÉTIQUE. | ZONE BÉTIQUE. | ZONE LITTORALE. | ÉRUPTIONS. | CONTRÉES DIVERSES. |
|---|---|---|---|---|---|
| QUATERNAIRE. | Formation de brèches, de tufs, de travertins (*Actions atmosphériques*). Alluvions anciennes des bassins de Zaffaraya et de Repicao. | Formation de brèches et de tufs aux dépens des calcaires. Désagrégation des schistes. | Formation de brèches, etc. Exhaussements progressifs et affaissements locaux. | | Brèches des Alpes-Maritimes. |
| PLIOCÈNE. | Émersion. | Émersion. | Immersion. Formation des argiles de los Tejares et des sables du Palo. | | Envahissement de la vallée du Rhône par la mer pliocène. |
| MIOCÈNE { supérieure. | 3. Émersion définitive. (Calcaires lacustres.) 2. Retrait progressif de la mer. (Gypses.) 1. Creusement de vallées (conglomérats) et retour de la mer. | Émersion. | Émersion. | | Derniers soulèvements des Alpes. |
| moyenne. | Dépôt de molasse marine. | | | | |
| inférieure. | Plissements et dislocations. | | | | Derniers soulèvements des Pyrénées. |
| EOCÈNE. | II. Dépôt des assises nummulitiques (îlots jura-crétacés). Érosion des chaines. I. Dislocations. | Émersion de l'axe de la chaine. | II. Formation des assises nummulitiques. I. Dislocations. | | Klippen des Alpes occid^{les} (Lory). Ridements dans les Alpes occidentales. |
| CRÉTACÉE. | Dépôt de sédiments néocomiens. Érosion du lithonique [Brèches (Cabra, etc.)] . | Dépôts nuls ou enlevés par l'érosion. | Dépôts très réduits. | | Calcaires bréchoïdes d'Aizy, de Chomérac, des Basses-Alpes. |
| JURASSIQUE. | Dépôt de marnes et de calcaires. | | | | Ophites des Pyrénées; euphotides des Alpes. |
| TRIASIQUE et PERMIENNE. | Dépôt de marnes, de calcaires et de grès. (Mer plus profonde au S.E.) | Dépôts de schistes, de calcaires et de dolomies. | Formation d'assises littorales. (Grès, etc.) | Ophites. | |
| ANTÉPERMIENNE. | (?) | Erosions. Plissement des terrains anciens. | Erosions. Plissement des terrains anciens. | | Ridement du Hainaut, etc. |

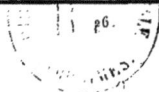

# TABLE DES MATIÈRES.

# CARTE GÉOLOGIQUE DE

*ÉPROUVÉE PAR LE TREMBLE...*

par M$^{rs}$ MICHEL-LÉVY, BERTRAND

Mission d'Andalousie. Pl. II

El Rúbio — Herrera — Rute
Estepa — Badolatosa
Casariche — Benamyi — Encinas Reales
Lora de Estepa
Aguadulce — Gilena — Corcoya — Palenciana — Cuevas de S. Marcos — Iznajar
Osuna — Pedrera — Cuevas Bajas
La Roda — La Alameda — Villanueva de Algaidas — Villanueva del ...
Martin de la Jara — Fuente de Piedra — Mollina — Peñon de los Enamorados — Archidona
Los Corrales — Sierra de Yeguas — Humilladero — Villanueva del Trabuco
Saucejo — Campillos
Almargen — Bobadilla — Antequera — Villanueva ...
Teba — Fuente ... — Cuevas de — Riogordo — Colmenar
Cañete la Real — Peñarrubia — Valle de Abdalajis — Villanueva de la Concepcion — Casabermeja
Alcala del Valle
Setenil — Cuevas Botente
Arriate — Alora
Ronda — Junquera — Almogia — Totalan — Benagalbon — Cantales
Alhaurin el Grande — Churriana — Malaga — Bahia de Ma...
Alozaina — Hartina — Rio Guadalhorce
Tolox — Alhaurin de la Torre — Torremolinos
Monda — Mijas — Arroyo de la Miel
Barrio de los Boliches — Fuengirola
Marbella — MER
Estepona — Punta de Cala-Burras — Punta de Cala-Moral

| | | | | | |
|---|---|---|---|---|---|
| a | Alluvions. | m? | Marnes et Gypse. | n | Nummulitique. |
| P | Pliocène. | m² | Cailloutis tortoniens. | c | Crétacé. |
| m³ | Calcaire d'eau douce. | M | Miocène. (Helvétien). | J | Jurassique. |

Gravé chez L. Wuhrer, rue de l'Abbé de l'Epée, 4.

Kil. 10   5   0   10

# RTIE DE L'ANDALOUSIE

*ERRE DU 25 DÉCEMBRE 1884*

OFFRET, KILIAN et BERGERON.

Mission d'Andalousie.

MÉDITERRANÉE

E

*Lias.*

*Trias.*

*Permien.*

ōoc

30   40   50 Kil.

| | |
|---|---|
| ✕ | *Cambrien.* |
| ${\xi}^2$ | *Micaschistes.* |
| ${\xi}^1$ ${\xi}^2$ ${\xi}^3$ | *Gneiss, Cipolins et Dolomies.* |

| | |
|---|---|
| δ | *Amphibolites.* |
| ▬ | *Diabase ophitique.* |
| λ | *Lherzolite et Norite.* |
| ▬ | *Diorite.* |

*Imp. Monrocq, Paris.*

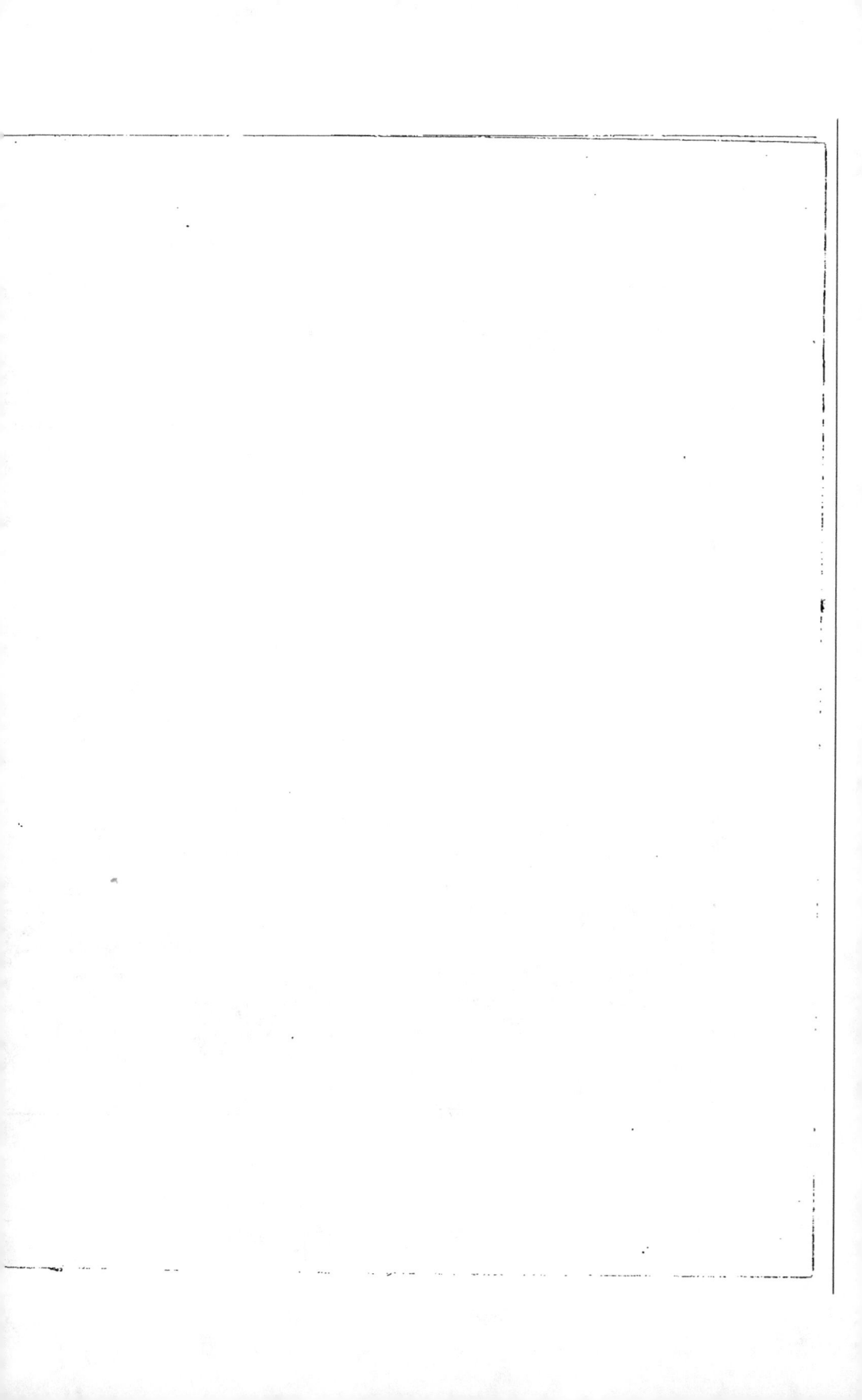

# CARTE GÉOLOGIQUE

de la partie Nord-Est de la province de MALAGA
et de la partie Sud-Ouest de celle de GRENADE.
*(Régions affectées par les tremblements de terre
du 25 Décembre 1884)*

par

**MM. M. BERTRAND et W. KILIAN**

1885

Echelle : 1.300.000ᵉ

— ✖ —

## Légende

- [R] Alluvions modernes et anciennes.
- [m⁵] Calcaire lacustre.
- [m⁴] Couches à Gypse (m⁴) et C. à Cer. mitrale (m²²)
- [m³] Blockformation (Tortonien).  } Miocène supérieur.
- [M] Mollasse helvétienne.
- [E] Nummulitique.
- [C] Crétacé (Néocomien)
- [Jˢ] Tithonique et Jurassique supérieur.
- [J] Lias (Jurassique inférieur).
- [t] Trias.
- ω Ophite.
- ........ Contours des terrains.
- ═══ Failles apparentes et masquées.
- ⋀ Éboulements.
- Tufs et travertins calcaires.

Nota. La partie laissée en blanc au Sud,
est formée de terrains archéens
avec enclaves triasiques.

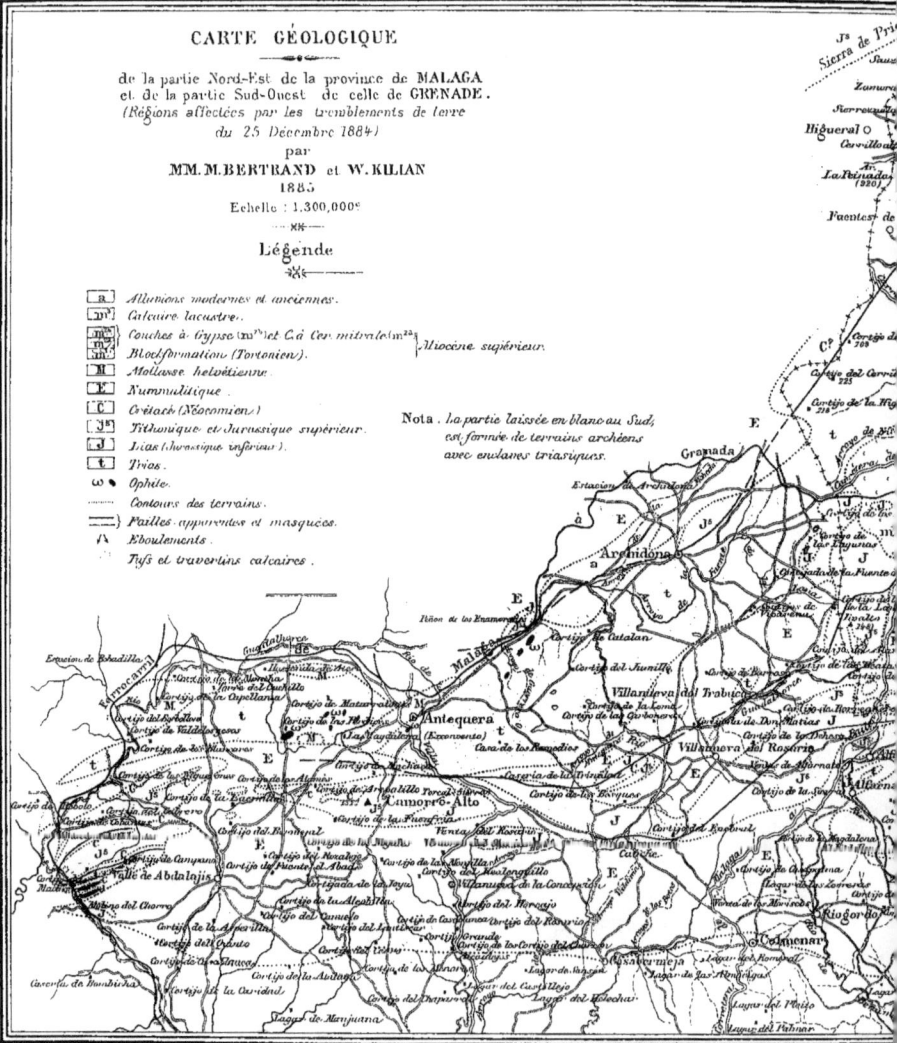

*Gravé chez L. Wuhrer, r. de l'Abbé de l'Épée, 4.*

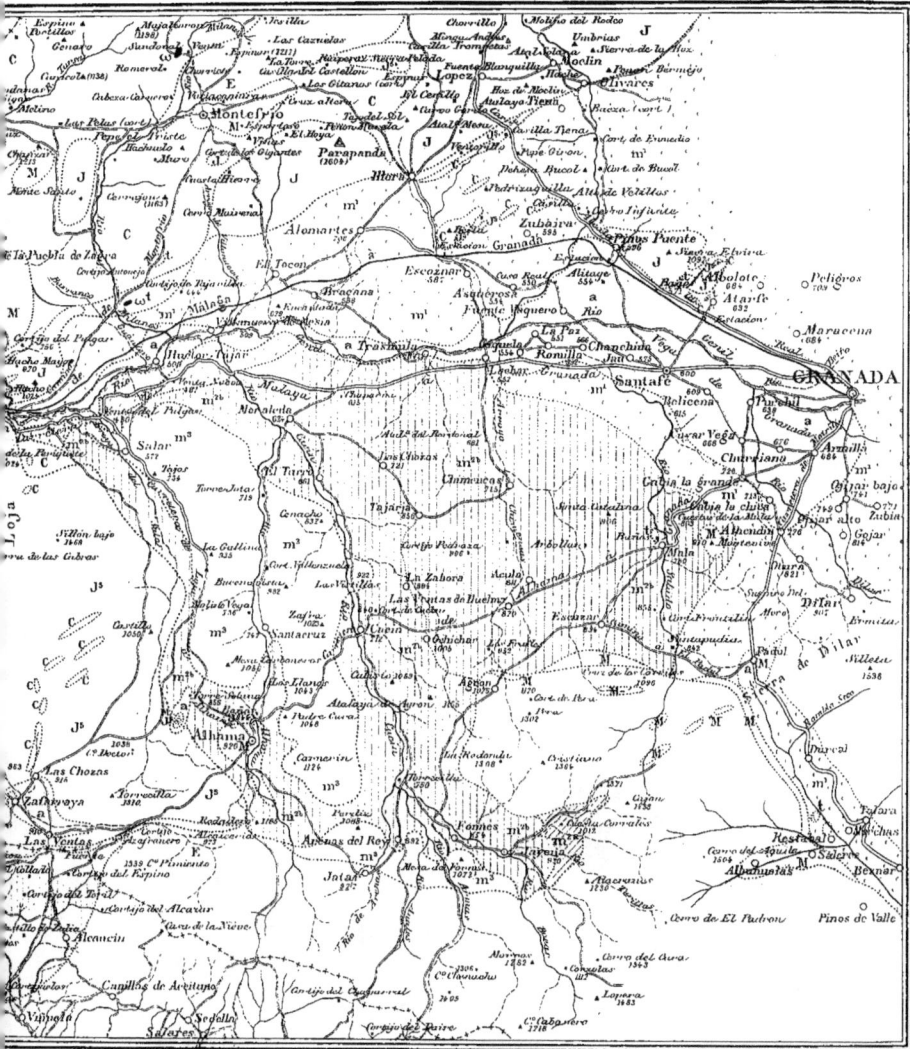

Imp. Monrocq, Paris

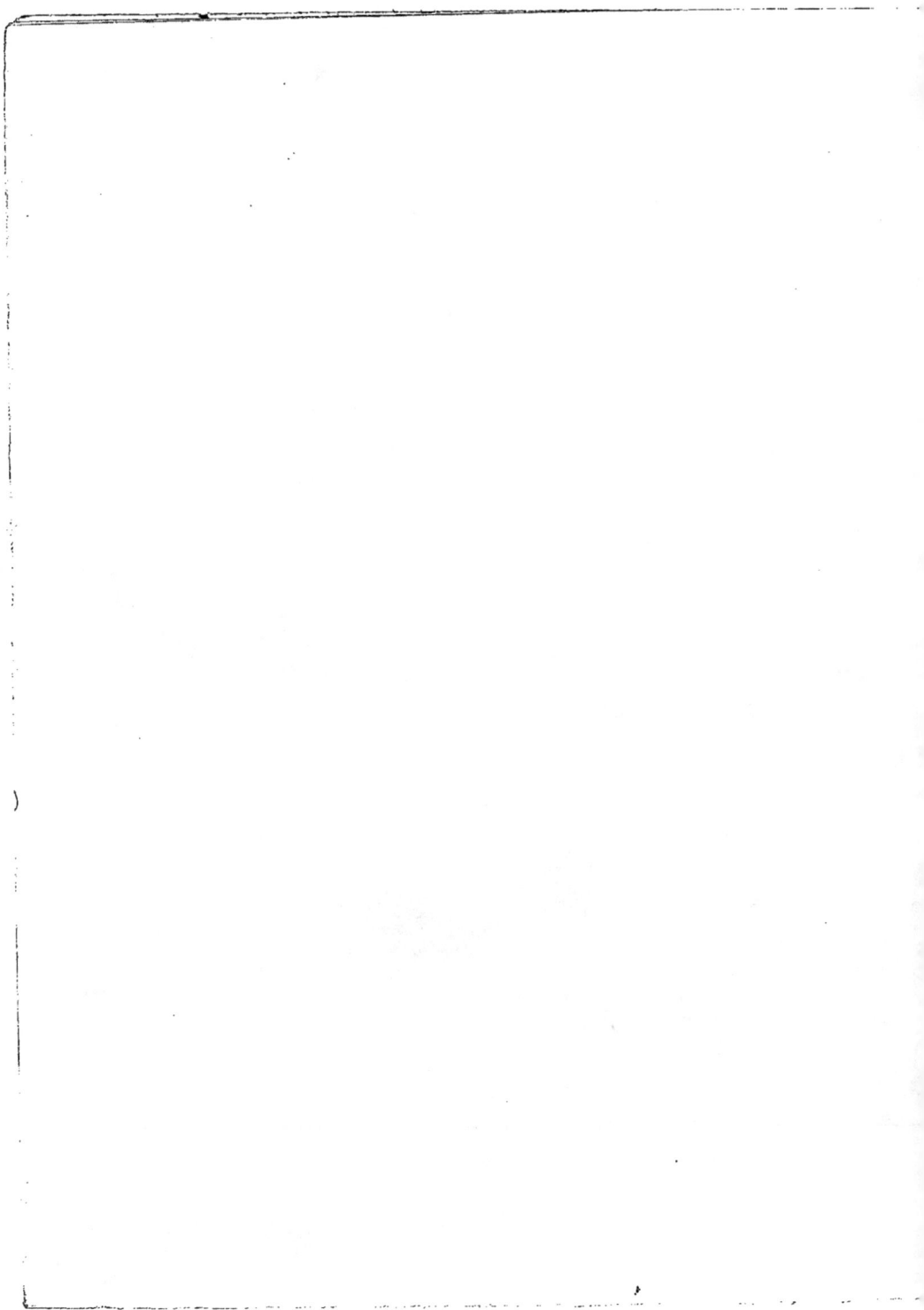

)

Esquisse d'une
CARTE GÉOLOGIQUE
DE LA SIERRA ELVIRA
près de Grenade
$\frac{1}{50.000}$

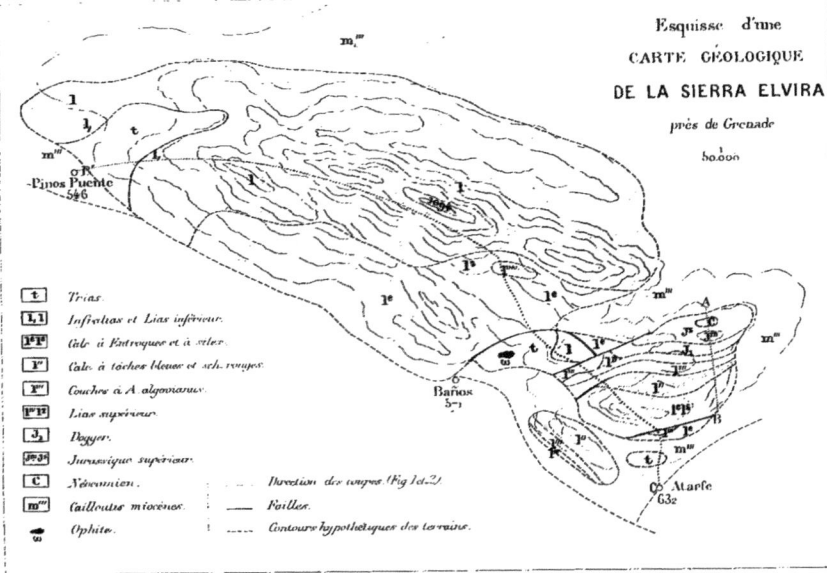

Pinos Puente
546

Baños
5-1

Atarfe
632

**Légende :**

| | |
|---|---|
| t | Trias. |
| l, l₁ | Infralias et Lias inférieur. |
| lᵇ lᵇ | Calc. à Entroques et à silex. |
| lᶜ | Calc. à taches bleues et sch. rouges. |
| lᵈ | Couches à A. algovianus. |
| lᵉ lᶠ | Lias supérieur. |
| J₁ | Dogger. |
| J² J³ | Jurassique supérieur. |
| C | Néocomien. |
| m⁗ | Cailloutis miocènes. |
| ω | Ophite. |

- - - - - Direction des couches (Fig 1 et 2).
———— Failles.
------- Contours hypothétiques des terrains.

Fig. 1. Coupe du massif oriental de la Sierra Elvira, au nord d'Atarfe.
(suivant A.B. de la carte.)

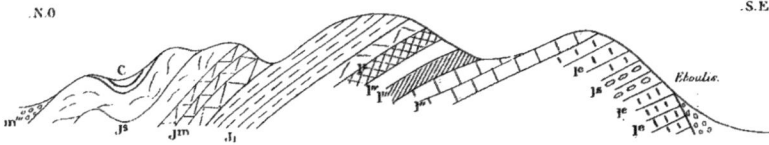

N.O.                                S.E.

Éboulis.

Fig. 2. Coupe de la Sierra Elvira, d'Atarfe à Pinos Puente.
(suivant B'C. de la carte.)

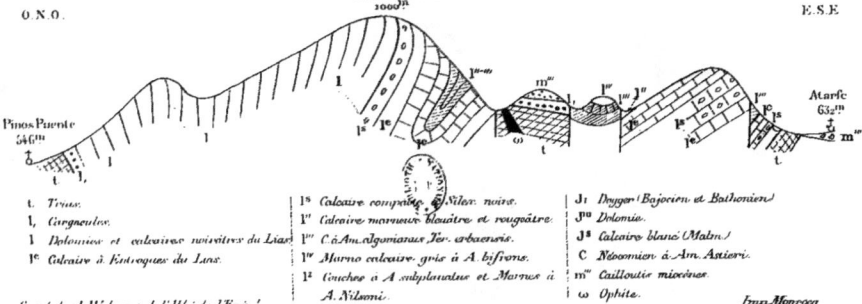

O.N.O.                              E.S.E.

Pinos Puente
546ᵐ

Atarfe
632ᵐ

| | | |
|---|---|---|
| t. | Trias. | |
| l, | Cargneules. | |
| l | Dolomies et calcaires noirâtres du Lias | |
| lᵇ | Calcaire à Entroques du Lias. | |

| | |
|---|---|
| lˢ | Calcaire compacte à Silex. noirs. |
| lᶜ | Calcaire marneux bleuâtre et rougeâtre. |
| lᵈ | C. à Am. algovianus Ter. erbaensis. |
| lᵉ | Marno calcaire gris à A. bifrons. |
| lᶠ | Couches à A. subplanatus et Marnes à A. Nilssoni. |

| | |
|---|---|
| J₁ | Dogger (Bajocien et Bathonien) |
| Jᵘ | Dolomie. |
| Jˢ | Calcaire blanc (Malm) |
| C | Néocomien à Am. Asdieri. |
| m⁗ | Cailloutis miocènes. |
| ω | Ophite. |

Gravé chez J. Wuhrer, r. de L'Abbé de L'Epée, 4.

Imp. Monrocq.

Pl. XIII

Mission de Andalousie

M.M. [illegible]
M.M. [illegible]

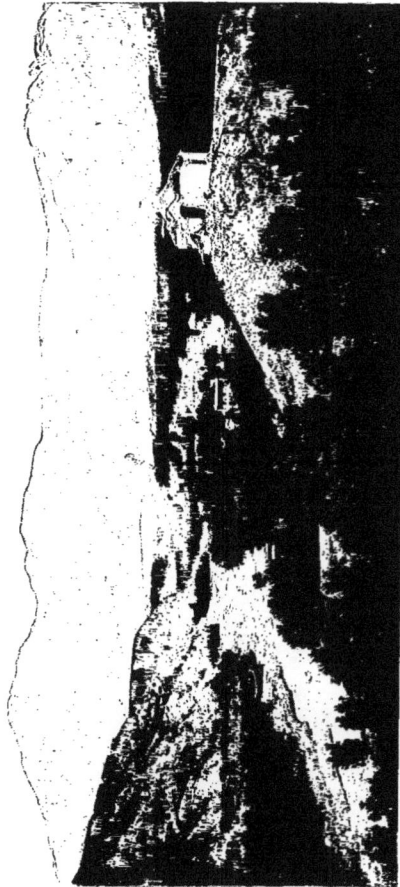

Phot. de M.M. Olivet et Heron

RAVINE CREUSÉE DANS LES CAILLOUTIS MIOCÈNES PRÈS DE TALARA
(Prov de Grenade) Dans le fond la Sierra Nevada

Helio Dujardin Paris

TUNNEL PERCÉ DANS LES CALCAIRES TITHONIQUES
entre Gobantes et El Chorro  (Prov. de Malaga)

www.ingramcontent.com/pod-product-compliance
Lightning Source LLC
Chambersburg PA
CBHW071702200326
41519CB00012BA/2600